HOW TO BE AN IMPERFECTIONIST

如何成为不完美主义者

[美] 斯蒂芬·盖斯 著
Stephen Guise

陈晓颖 译

江西人民出版社

序

努力进步,不求完美。

——田径运动员金·科林斯(Kim Collins)

完美主义(名词):无法接受任何不完美事物的特质。

我本人就有完美主义倾向,所以深知这种心态蕴含的巨大破坏性和杀伤力。本书中,我将详细阐述做个不完美主义者的好处,同时还将介绍具体的做法。不完美绝非坏事,它能带给你真正的自由。(当然,我必须说,"完美"也非坏事——毕竟它代表的是毫无瑕疵——但"完美主义"却会带来问题。)

完美主义总会成为你宅在家中、放弃尝试、拖延行动的理由,会让你误认为自己生活得特别凄惨,让你无法坚持自我,让你感觉压力巨大。完美主义会导致你无法正视自身优点,只会一味地吹毛求疵,而不懂得顺其自然。

在这本书中,我们还将具体讨论成为不完美主义者的方法。在开启本书的阅读之旅之前,让我们先来回顾一下我在我的第一本书中提到的关于如何成为不完美主义者的内容。

微习惯的力量

我的第一本书《微习惯》(Mini Habits)是一部介绍如何重塑习惯的作品。从效果来看，《微习惯》不仅在商业上获得了成功，还对尝试改变的读者们的人生产生了积极影响。在美国出版后一年的时间里，该书的销量就达到了 4.5 万册。如今，它已被翻译成十多种语言，在全球范围内出版发行。

《微习惯》对读者提出的要求似乎有点儿荒谬：强迫你自己做一些（表面上看起来）微不足道的积极行为，这些事情一点儿都不难做，即使某天你的心情糟糕到极点，你也能做到。请记住，本书提到的所有"微习惯"，指的都是那些小到你不可能做不到的日常习惯。

以下就是一些日常微习惯的例子：写一行代码，读两页书，写作 50 字，打一个（销售）电话，发一封（拓展人际关系的）电子邮件，处理一封信，等等。但无论是哪种行为，其核心概念都是一致的——即选择一个你无论如何都做得到的活动，每天坚持做，直到它成为你的习惯。届时，你将看到它带给你的巨大影响。当然，微习惯的目标可以不断提升，比方说，最初每天做一个俯卧撑的目标，最终可以变成每天做 50 个。之所以让你制定一个小的目标，目的就是为了保证你能轻松地开始并持之以恒。

贯彻微习惯，收获惊人成效

如今，我每天做一个俯卧撑的习惯已经坚持了两年有余，请允许我与你分享微习惯带给我的成效。

坚持每天做一个（或多个）俯卧撑的习惯六个月后，我对运动的抵触情绪越来越弱，不仅如此，还在此基础上养成了每周健身三次的习惯。再后来的三个月，我每周的健身增加到了四次，再过两个月又增加到了五次。最初，我之所以坚持运动，是因为我给自己制定了一个硬性的要求；而如今，我每周做三到五次运动，却完全是出于自愿，每次运动的时间都长达一个小时，甚至更久。运动于我而言就像晚饭一样：有时事出突然，如生病或受伤，我不得不放弃运动的计划，但是只要时间允许，我就一定会去做。现在的我不仅身材变好了，而且越来越强壮了。

尝到了微习惯带来的甜头后，我又开始实行每天读两页书、写作50字的微习惯。坚持一年多后，我并没有人为地提高这些标准，原因是根本没必要了。如今，我每天阅读和写作，虽然没有规定要读多少书、写多少字，但我的最终成果却总会超出预期。请相信我，从小目标开始，持之以恒，循序渐进，健康发展，你就会迎来了不起的成果。

此外，微习惯还给我的心理健康带了意外的附加效应。在社交场合，我变得比原来更自信了，而这一方面是因为我获得了上述具体进步，另一方面则得益于我掌握了某种通用法则，学会了从小处开始循序渐进地应对令人胆怯的场合。虽然我天生内向，习惯长时间闷头不语，尤其不擅长与人闲聊（根据MBTI性格测试，我属于"内向–直觉–思考–知觉"，即INTP型人格），但如今，我已经从原本的害羞变为健谈。

在各种方面，我的舒适圈都在不断扩张，我变得越来越擅长（也更愿意）做对我来说更重要的事情：锻炼健身、健康饮食、阅读写作、与人沟通。贯彻微习惯方法一到两年后，前后对比照片能够清晰展示出形体的变化，却没有照片能体现我们内心的改变。微习惯方法和那些21天或30天的短期计划不同，它带给我们的是生活方式的永久转变。两年来，我一直在坚持微习惯，从未有过懈怠。

我在过去两年内取得的进步，比之前十年中加起来的成绩都大，这一切都要归功于微习惯，它们从各个层面改变了我的人生，推动了我前进的脚步。任何人，只要愿意尝试，都会从中获益。

这本书与《微习惯》有着千丝万缕的联系，不过，我在这本书中关注的不再是习惯的养成，而是应对完美主义的各种技巧。

从微习惯到不完美主义

下面，我将用一个具体的例子向你解释我是如何利用微习惯方法帮助自己成为不完美主义者的。有一天，我去蔬果店买菜，它旁边就是我平常锻炼的健身房。我本来可以顺便做个运动，但面对着两个问题：一，我没有穿运动服，穿普通衣服锻炼肯定会让我不太舒服——不管是对我的身体还是对他人的观感而言；二，我有一根手指骨折了，尚未痊愈，要是我坚持像平常一样举杠铃，那根骨折的手指无疑会给我的运动造成巨大障碍。这些都成了我那一天不做运动的好借口。

换作以前，这无疑又会成为我"下次再说"的经典案例，但我已经不一样了。我意识到当下自己的情况确实不适合做运动，但我也认为运动不需要分时间和场合。就这样，我坚持完成了一次不完美的健身活动，锻炼了肺活量、肱三头肌屈伸，做了一些绳索飞鸟。正因为我接受了这次不完美的锻炼，我才获得了一次条件不够完美，质量却很高的运动效果（特别是我的肺部得到了锻炼）。

我内心深处那个完美主义者看到的是不去健身的两个强有力的理由，而那个不完美主义者看到的却是取得哪怕些许进步的机会，于是我选择行动起来。有些人始终意识不到，其实构成我们人生的就是这些小决定，我们之所以认为"我要减肥""我要写一本书"这样的大决定更重要，是因为这些目标一旦实现，确实意义非凡。但回首过往，你会发现你错过了多少微小的时刻，如果当时你有所作为，把它们统统利用起来，你早已成为某个领域的专家了。没错，正是这些日常的小决定（和小放弃）最终左右了我们人生的大走向。

为了实现由微习惯到不完美主义的过渡，我们需要深入挖掘二者的关系。微习惯是不完美主义者的工具，太过微不足道，所以在完美主义者眼中根本不值一提。但是，鉴于它们人畜无害的特性，完美主义者也不妨考虑尝试做一下。正是基于这种考虑，本书援引了大量微习惯策略，供读者参考。

本书的不同之处

我喜欢在写书前的调研过程中搜集同类书籍的书评作为参考，

特别是那些三星及三星以下的，因为只有批评意见才能告诉我们读者的真实想法，让我们了解他们在阅读前希望书是什么样的，以及想在书中读到哪些内容。当然，这并不一定是说作者犯了什么错误，但确实可以告诉我们读者有哪些未能被这本书解决的诉求。

对大多数关于完美主义的书，读者似乎有一种共性的失望：作者总是用太多笔墨介绍完美主义者的特征，而没能把注意力集中在解决问题的具体方法上。据我所知，大部分有完美主义倾向困扰的人，早就已经知道自己的问题所在（否则也不会购买关于完美主义的书了）。话虽如此，我们还是有必要探讨一下完美主义这一概念，以便对它有一个准确的认识。毕竟，若想解决一个问题，必须对其有个全面认识，特别是当我们面对完美主义这样复杂的问题时。

在研究中我发现，关于完美主义的书籍大体可以分为两类：一类重在煽动你的情绪，希望通过感化作用让你远离完美主义；另一类则属于科普读物，用数据反复捶打你的内心，但其结果往往适得其反，最终你很可能因为无法忍受其写作风格而放下书，决定继续做一个完美主义者。一些作品做得比较好，能够将两种方法结合起来。但截至当前，我没有发现一本能向读者提供正确解决方法的作品。而我这本书——包括我其他所有作品的目的——是要在娱乐与教育、现实与想象之间找到一个平衡点，我撰写的是一部应用指南，我希望能够帮助读者实现持久的真正改变。

~~我会尽全力把这部书写成心目中完美的样子。~~

开启通往不完美主义的旅程

关于本书的结构，你需要了解一个重要信息，那就是我把具体方法和应用指南放在了最后一章。在前九章里，我们会详细讨论各种概念，到了最后一章，我们将对所有可能方法进行收集、分类和总结。相信这样的处理有助于读者快速查阅到相关信息。

我之所以对此做出特别说明，是担心你看到本书前面的部分时会以为我只会对各种概念喋喋不休，继而认定本书缺乏实用的建议。我之所以做出这样的安排，是希望你在阅读过程中不用分神去记那些解决方法，也不必考虑该如何用它们改变自己的生活。虽然前面九章也会涉及一些建议，但最后一章才是我们向读者集中提供方法的章节。

这样的结构安排也更符合逻辑，毕竟理解和应用是两个独立的过程。我们需要先看懂概念，对它们有总体的认识，然后才能将方法付诸实际应用。

为便于读者更好地了解不完美主义，本书各章内容安排如下。

第 1 章：导言部分，我们将审慎检视完美主义。什么是完美主义？它如何发挥作用？为什么会存在完美主义，它对我们有什么影响？

第 2 章：这部分，我们将深入剖析完美主义者的心态，总结拥有完美主义倾向者的共性思维模式及其原因。

第 3 章：我们将探讨完美主义存在的问题，从而为摒弃完美主义打下理论基础。

第 4 章：在这一部分，我们将介绍不完美主义，看它能够如何赋予我们每个人向往的自由。理解了这一点，我们就能充分理解为什么我们会成为完美主义者，而为什么做个不完美主义者才能让我们更加幸福。本章结尾处，我会提供读者一些大体上的解决方法。

第 5～9 章：完美主义是一个宽泛而发散的概念，因此，应对它的对策也必须做到细化而具体。在这个部分，我们将介绍完美主义的五个分支，在对其进行逐一分析后再提出各自的应对方法。具有宏观的不完美主义思维模式，对我们有很多好处——正是基于这个原因，我们才会在第 4 章对其进行讨论。但为了实现真正意义上的改进，你或许需要针对自身特有的完美主义风格找到个性化的解决方法。我所有的建议都具有针对性，绝不是"不要过于追求完美"那种流于表面的说辞。

第 10 章：文章最后，我将向读者提供各种以微习惯形式呈现出来的解决办法，它们都极具可行性。不仅如此，我还会告诉读者一套整体方法，教你如何将这些微习惯毫不费力地融入自己的生活中去。完美主义者在落实建议时都很吃力，因为他们希望一次性全部做到。

许多书籍可能会提供给你 300 条实用建议，但这些建议总是分散在全书的各个角落，让你不知道该如何在一夜之间对你的人生做出 300 个改变。我不妨告诉你：你根本做不到！采纳建议、付诸实践是个人成长中最困难的部分。我们许下的愿望很多，但真正实现的却很少。鉴于此，我相信本书的结构安排以及最后一章的内容一定会对你有很大帮助。

在通往不完美主义的旅途中，我会尽量不让你感到无聊，但是，如果个别时候我没有做到，你也不妨喝杯咖啡提提神，继续读下去。

目录

第1章　导言 ... 001
实用完美主义者 ... 003
"我可真是个完美主义者" ... 004
完美主义是什么 ... 005
完美主义相关研究 ... 006

第2章　完美主义者的思维方式 ... 009
三种完美主义标准 ... 011
完美主义的根源 ... 014
完美主义的"好处" ... 018
完美主义是驱策还是束缚了你 ... 022

第3章　完美主义的毒性 ... 025
完美主义是剂毒药 ... 027
完美主义百害而无一利吗 ... 028
被动生活：电视和完美主义 ... 031
完美主义会影响发挥 ... 033
自我设限导致我们畏缩不前 ... 034

| 完美主义习惯：完美才合格 | 038 |
| 如何改变 | 039 |

第4章 不完美主义带来的自由　　049

不受限制	051
亲和力与信任度	054
追求不完美主义的过程	057
如何做一个不完美主义者	060

第5章 过高期待　　065

情绪与期待	067
知足常乐	071
降低行动标准	075
关注过程，看淡结果	077

第6章 纠结不放　　085

纠结者的错误认识	087
从接受现实到采取行动	088
分清意外与失败	091
"应该"式自我对话	096
活在当下	100

应对纠结的技巧小结　　106

第7章　认同需求　　111
　　人类为何会有认同寻求　　113
　　成为不完美主义者会令你信心大增　　113
　　许可与尴尬　　121
　　叛逆练习　　124

第8章　过失担忧　　131
　　一场不够完美的比赛　　133
　　对犯错的担心造成的影响　　134
　　冒牌者综合征　　136
　　二进制思维　　142
　　通过简单化来消除阻力　　153
　　视进步为成功　　155

第9章　行动顾虑　　159
　　拒绝预设，重在体验　　161
　　完美主义与拖延症的关联　　164
　　完美决策者的痛苦经历　　169
　　快速决策　　173

信息越多，问题越多	178
数量重于质量	181

第 10 章　应用指南　　　　　　　　　　　185

是结束，也是开始	187
放弃对最佳路径的幻想	187
策略总结	189
整体上的完美主义（2种对策）	191
过高期待（4种对策）	192
纠结不放（5种对策）	195
认同需求（4种对策）	199
过失担忧（4种对策）	201
行动顾虑（3种对策）	203
应用说明	206
专项微习惯	208
尾声之末	211
更多信息	213
致谢与联络方式	215

第1章
导言

　　能在一个让人随波逐流的世界始终坚持自我,是人生最了不起的成就。

　　　　　　　　——拉尔夫·瓦尔多·爱默生(Ralph Waldo Emerson)

　　日本人在修补破碎物件时,会选择彰显其损坏的痕迹,用黄金来填补裂痕。他们认为,破碎的东西因为其受伤的历史而更显宝贵和美丽。

　　　　　　　　——视觉艺术家芭芭拉·布卢姆(Barbara Bloom)

实用完美主义者

用最为准确、专业但直白的方式解释，所谓纯粹的"完美主义者"在真实世界里是完全无法正常生活的。如果此刻你举手或点头表示深有同感，你很可能夸大了你的情况，因为大部分人虽然追求完美，却都能正常生活，只不过他们对完美主义的追求降低了自己的生活质量而已。

- 你是否觉得很难做出决策？完美主义。
- 你是否对一些社交场合感到恐惧？完美主义。
- 你是否有拖延症？完美主义。
- 你是否很容易意志消沉？（可能是）完美主义。
- 你是否感到自卑？完美主义。

完美主义会导致生活中一些严重的心理问题，因为它会让生活中的不完美变成令人畏惧、困扰但又无法逾越的障碍。完美主义者往往会因为理想与现实间的巨大差距而精神崩溃或不知所措，这种差距彻底摧毁了他们不断进步、享受生活的能力。只有不完美主义者才能忍受生活中的不完美，而不完美才是我们这个世界的本质。

幸好，完美主义并非人类的永恒特质。我们都可以自我改变，只是需要正确的方法。为了找到完美主义的有效对策，我们必须对其追根溯源。

"我可真是个完美主义者"

"我可真是个完美主义者"——也许我们都说过或听过别人说过这样的话。你是否察觉到，说这句话时，虽然当事人是在承认缺点，却总暗暗带有一种骄傲？说这话时，当事人总是会笑起来。人们普遍认为完美主义是一个积极的缺点，所以每当在面试中遇到"你最大的缺点是什么"这个无聊问题时，"完美主义"就成了最受青睐的答案。

完美主义者渴望永远做到完美，无论是在行为处事、外在形象还是内心情绪上。表面上看，这似乎的确值得骄傲，但仔细挖掘其真实含义后，你就会发现事实并非如此。一旦将"主义"加在"完美"或"不完美"后面，将其概念化，衍生出的新词就彻底颠覆了原词的本来含义。完美主义不再完美，而意味着缺乏理性、极具杀伤力和局限性，甚至会致命（如导致厌食症、精神抑郁或自杀）。

如果能够认清完美主义对人类造成的消极影响，我们便不会再欣然甚至迫切地标榜自己为完美主义者了。我不想为此对任何人指手画脚，毕竟我们每个人都会追求某些方面的完美。但"我可真是个完美主义者"这样的表述虽然常被用作优雅的装饰，实际上却是条难以愈合的伤口。

这一细节不容忽视，知道为什么吗？即使读完这本书，即使看到了不完美主义带给你的自由和力量，依然是不够的。**如果你不能重新定义完美主义，无法认清它是一种有杀伤力的消极心态，那么**

你对其优越感的错觉必将阻碍你做出任何形式的积极改变。

另外，完美主义还会引发其他常被错误归因的严重问题。譬如，完美主义是精神抑郁的最常见根源，而抑郁又会导致上瘾等一系列问题。

完美主义的一个典型后果是厌食症，即对完美体重或身材的苛求。这是最危险却又难以治愈的心理疾病之一，所以我们不能随意轻视完美主义，它的确是一种严重的心理问题。总体来讲，本书读起来会很轻松，但是因为太多人轻视完美主义，所以我有必要在开始时强调，我们必须摒弃对完美主义的暗中好感，只有这样才能最终摆脱它。

完美主义是个冒牌货，是个骗子，是众多选择中最糟糕的一种心态。相反，不完美主义才是值得追寻的，是一种奢侈的、最好的选择。在你继续阅读的过程中，我希望你与"不完美主义"这个词发展出新的感情，或许以后，你的口头禅会变成"我可真是个不完美主义者"。

完美主义是什么

在讨论如何成为不完美主义者之前，我们有必要揭开完美主义的面纱，分析一下它的具体构成。认识汽车，并不意味着你能造出一辆；同理，仅仅在表面上了解完美主义，也并不意味着你明白如何控制它。因此，我们需要对完美主义进行认真、仔细的分析。

关于完美主义，前人的研究为我们打下了坚实的基础，如今我们面对的主要问题是无法就它的分类达成共识（你会在后文读到）。

完美主义相关研究

1990 年，兰迪·弗罗斯特（Randy Frost）提出了"弗罗斯特多维完美主义量表"（Frost Multidimensional Perfectionism Scale，FMPS）。以下是弗罗斯特定义的完美主义的 6 个表现形式及其常用缩写。

- 过失担忧（CM）
- 个人标准（PS）
- 来自父母的预期（PE）
- 来自父母的批评（PC）
- 行动顾虑（DA）
- 整洁有序（OR）

1998 年，约阿希姆·斯托勃（Joachim Stoeber）教授表示，上述表格可被缩减为 4 个，但他同时也表示，有些研究结果显示，原来的 FMPS 表现形式表能更准确地衡量出重要差异，至少是在临床样本中。

1991 年，保罗·休伊特（Paul Hewitt）和戈登·弗莱特（Gordon Flett）提出了"多维完美主义量表"（Multidimensional Perfectionism Scale），表格共包含 45 项内容，按照完美主义的来源可将其分成几个大类。

- 自我导向：衡量自身的不切实际的标准及完美主义的动力
- 他人导向：衡量他人的不切实际的标准和完美主义的动力
- 社会导向：认为他人期待自己做到完美

如果把上述两个表格结合起来又会如何呢？2004年，阿巴拉契亚州立大学的罗伯特·希尔（Robert Hill）等研究人员对这两个表格进行了分析与研究后，推出了一份新量表。它包含以下8个表现形式表，可分为两个大类。

内心自觉的完美主义

- 整洁有序
- 追求卓越
- 计划周密
- 对他人要求过高

自我评价的完美主义

- 过失担忧
- 认同需求
- 父母压力
- 纠结不放

这是一套由"完美主义"一词衍生的复杂体系。你可能会觉得，没有哪个量表能够准确概括完美主义的全部概念。研究人员一直试图为完美主义建立模型，给它一个准确的定义，然而他们的努力换来的是更多的问题而非解决方案。我不是在批评前人的研究，因为他们研究的目的并不是找到解决办法，如他们所说，他们只是想展示"他们的发现"而已。

我们不想参与关于完美主义的概念的讨论，我们现在要做的是找到解决问题的办法。我一直想知道："对完美主义有了一定认识之后，最该做的事是什么呢？"

根据这些概念的核心程度及其解决难度，我对其进行了分析与梳理，最终确定了其中最为重要的五个表现形式。我们如果想批判完美主义，可以从以下五方面入手（根据它们在本书中出现的顺序排列，括号中标注的是其来源）：

- 过高期待（我新增的内容）
- 纠结不放（希尔）
- 认同需求（希尔）
- 过失担忧（弗罗斯特）
- 行动顾虑（弗罗斯特）

我们暂且不谈完美主义的"优点"，比如追求卓越、整洁有序，因为这些本就不属于问题，也就不需要我们想办法去解决。我个人甚至不把它们列为完美主义的表现，对此我会在后文解释。

为了行文更加简洁、集中，我对表现形式列表进行了删减，比如，父母压力导致的完美主义，其实可以归属于不切实际的期待和认同需求的衍生，因此其解决办法并不会因为压力源自父母而出现巨大差异。接下来，我们先来看看完美主义者的思维方式，从而进一步了解为何很多人都有完美主义倾向。

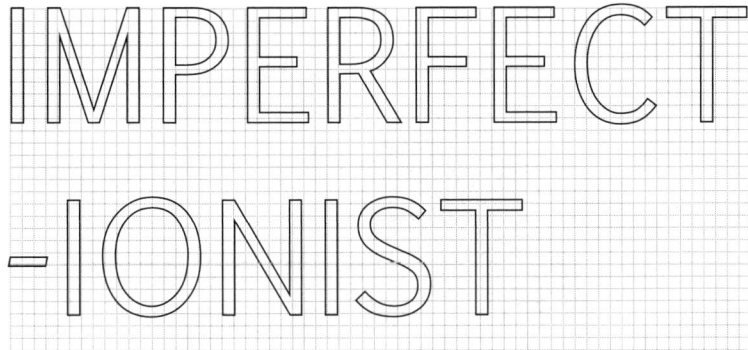

第 2 章

完美主义者的思维方式

你如果追求完美,将永远无法感到满足。

——列夫·托尔斯泰

三种完美主义标准

完美主义就像一支冰激凌：你可以享受各种独特口味，但基础材料始终是牛奶和糖。我们很难完整而准确地勾画出完美主义的方方面面，但可以讨论一下它的基本属性。本章，我们将对完美主义做一次整体研究。

完美主义标准一般有三种：情境、品质与数量。

完美情境

如果过于追求情境的完美，当事人就会丧失在很多情境下行动的机会。让我们以锻炼为例，将所谓情境标准进一步细化。

1. 地点：我们所处的地点对我们的行动必然有着巨大影响。话虽如此，一个人只要下定决心，即便是在教堂里、派对中或是长途驾驶的路上也会找到运动的办法。这些都是我们从来不会想到的潜在运动的场所。在这些地方完成锻炼其实并非难事。比方说，在车里你可以把手臂放到身体两侧，将身体支撑起来；也可以保持收腹，锻炼腹部肌肉；你还可以保持坐姿，提起膝盖反复靠近胸部。如果你愿意解开安全带（不推荐），你还会有更多运动选择！我和家人在长途旅行间隙就常常在休息区用开合跳的方式做运动。

2. 时段：你是否只愿意在下午 4 点前做运动？如果是这样，如果你是个朝九晚五的上班族，除非你愿意在上班前或上班过程中做运动，不然你真没有太多可用于健身的时段了。虽然我觉得晚上9点运动并非理想的选择，但每次这样做都不会让我后悔，因为晚上9点虽非运动的最佳时段，但总好过于一天没运动。

3. 资源：有些人也会因为缺少某些东西而拒绝行动。你是否只愿意身着运动服饰在健身房运动？事实上，你只要不是个完美主义者，唯一需要的健身器械就是你自己的身体。

完美质量

这类完美主义可谓无人不知，无人不晓。具有这种完美主义特点的人对完美质量的永恒追求接近病态。这类完美主义最常见于工作场合，但家庭生活中也并不少见——比如，有些人无法容忍家里没达到一尘不染，或子女的成绩不够优秀。

完美数量

对数量追求完美，指的是那种只要数量达不到预期就无法心满意足的状态。如果你问我有多少人因为完美主义而痛苦，我认为世界上95%的人会遇到这个问题，而背后的主要原因就是他们在意数量的完美。

人们似乎更在乎品质的完美：要有完美的发型，要维护完美的人际关系，要保持办公桌的一尘不染，等等。但是，追求数量的完美主义思维比追求品质或情境的更具杀伤力，因为人们普遍对其接受度很高，所以往往对其视而不见——毕竟，每个人都希望拥有可观的成就。目标的大小其实是判定完美主义的重要指标，然而很多人没能意识到这一点，这种完美主义并未得到足够的重视。

几乎每个人都在不知不觉中效仿着身边人的目标，并在这个过程中变成了完美主义者。每个"正常"目标从数量角度看都具有完美主义色彩，而且几乎每个人都设定过类似的目标：比如六个月内减掉 15 千克体重，一年内写完一本书，每年赚到六位数，每周读完一本书，等等。这些目标并非无法完成，但它们之所以被视作完美主义，是因为这种目标似乎暗示了不如预期的进步是不够好的。过去，我曾经是个完美主义者，认为每次运动必须保证至少 20（最好30）分钟，如果时间不够，那次运动就不够理想。

这样的目标就像撑竿跳：只要跳不过就算失败，只要跳过了就是成功。你跳到多高并不重要，你能不能跳过成了唯一的标准。这种将目标做两极化处理的观点本应激励我们朝着目标的方向努力，甚至超越目标，事实上却成了非常低级的策略，只会加剧完美主义的问题。

你可曾听过有人吹嘘自己能做三个俯卧撑？为什么不会有人建网站宣称可以帮助人们成功减少 30% 的债务？同样，又有哪些流行的健身计划会承诺将你的身材从差提升到中等偏下？

虽然上述进步都是有意义的，但你在一生之中似乎很少会遇见它们。我们总是把部分成功定义成失败，这大错特错。如果成功不够完美，我们就会感到尴尬，甚至还会觉得丢脸。这种想法不仅缺乏理智，而且还会对我们的进步和人生幸福造成致命伤害。**完美主义者无法接受微小的价值或进步；他们只看重宏大、顺利、完美的成功。**

成败标准分明的宏大目标比比皆是。因为完美主义过于极端，所以任何过于"正常"的事物都不可能成为完美主义。这也就是说，极端与否已经成了衡量完美主义的标准。

对宏大成就的追求是完美主义中最具杀伤力的一种形式，因为如果你根本意识不到问题的存在，又怎么可能想办法去解决？我们默认，想减肥，就要设定 15、25 甚至 50 千克的目标。虽然随便设定目标的人比比皆是，但没有人会意识到他们就是完美主义者。一旦实现目标的计划落空，我们会因愧疚和羞耻等情绪而恢复老样子。

在这个部分，我们探讨了无处不在的完美标准，也就是所谓的完美主义的定义。接下来，我们有必要分析一下完美主义存在的原因，特别是那些驱使我们追逐完美主义的深层原因。

完美主义的根源

完美主义可能是被一些其他问题的症状引发的症状。我们先来看一下导致完美主义产生的四个根源。

缺乏安全感

对自身有安全感的人不太容易成为完美主义者，因为他们有一种积极的判断倾向，即总是先看到自己身上的优点，而后才会考虑自身的不足。下面我们来看一个非常直白的例子：如果射击的命中率为50%，有安全感的人会认为意味着五次成功，而不是五次失败。与完美主义者相比，不完美主义者不会特别关注自身的缺点。

我十多岁的时候，脸上的痤疮特别严重。因为下巴上长了太多痘痘，有个玩伴还开玩笑说我长了胡子。其实他为人特别善良、正直，但就是因为他的话，我成了这世界上最敏感的人。后来，等我皮肤变好后，我也遇到过一些有严重痤疮的人，他们绝对自信和自在的态度震撼了我。这件事让我明白，我根本不需要仅仅因为脸上有明显的瑕疵就产生任何不安全感，没人规定我因为皮肤不够完美，就必须时时刻刻在意自己。

你如果对什么事情缺乏安全感，就想想这世上与你有同样问题的人那么多，他们中很多都活得非常自信、幸福。这样一来，你的内心就会充满力量，感到安慰。

自卑情结

"自卑情结"（inferiority complex）在网络词典上的定义为：由于当事人在某一领域确实或主观认为存在缺陷，其错误地断定自己一无是处的心理，有时会以具攻击性的举动为补偿。

总的来讲，有自卑情结的人通常会有两种反应——他们要么会努力表现得超乎常人（有人名副其实，有人做做样子），要么选择自我封闭。这两种反应都是对错误想法做出的可以理解的反应。如果你真心觉得自己不如他人，那么表现得像遇到危险的河豚（攻击他人）或海龟（缩头躲藏）也就没什么难以理解的了。

你越看不起自己，就越可能找机会补偿。如果你属于攻击性强的外向型人格，自卑情结会让你做出河豚式的反应；如果你属于消极、害羞的内向型人格，你就会采取海龟式的反应。

你越看不起自己，就越会对自己苛刻。自卑心理会造成严重的消极判断倾向，每个错误都会被无限放大，成为你对自己消极认识的又一佐证。每次过失都是一场灾难。自卑心理和缺乏安全感一样，会令你对自己的缺陷高度敏感。你会一直小心翼翼，认为这样就会避免犯错。这或许能给你一些虚假的安全感，但是，要想获得真正的安全感，你需要了解并接受真正的自己。如果你能接受自己，包括自己的缺点，即便遭遇最为严厉的批评，你也有力量捍卫自己。否则，你暴露给外界的只有一个龟壳，真实的你永远只能脆弱、畏惧、赤裸裸地躲在里面。

你之所以感觉自己比任何人都差，是因为你对自己和他人做出了不公正的评价：在你眼里，要么其他人都是毫无缺点的完人（哈哈！），要么你自己连一般水平都比不上，要么是两种心态的混合。如果你过高地估计他人，那你只有做到完美才能与他人媲美；如果你觉得自己不如他人，你也只有通过追求完美才能成为自己眼中的"普通人"。不管是哪种情况，背后的道理如出一辙：自卑情结源于不公正的评价标准和对人性的不正确认识，正是这种心理导致你成为一个完美主义者。

对现状的不满

如果你对自己的生活不满,那你成为完美主义者的可能性就会直线飙升。不是所有完美主义者都不喜欢自己的生活,但那些对现状不满的人确实更容易成为完美主义者。这虽然与我们的直觉相悖,却是不争的事实:如果你对当下的生活不满,就很容易假装或坚称它很好。不满现状的人最容易营造出一副满足的假象。

面对现实,正视缺点,接受不完美的现状——做到这些并非易事,有些人一辈子也无法掌握要领。现在我要问一个有趣的问题:有些人没有足够的能力容忍自身的缺陷,其过错究竟在谁呢?有研究发现,父母的教育方式与孩子能否成为完美主义者之间有着密不可分的关系。然而,虽然最初让孩子接触完美主义的是父母对孩子的苛求,但我认为不应把所有责任都归咎于父母,学校教育也有不可推卸的责任。

学校教育的消极影响

学校用分数来衡量学生的学业,本质上说,这个办法没什么不好,但问题是,不少学校把焦点都放在了提高分数上,希望学生都能考出 A。虽然 C 代表的才是平均水平,但许多学生和家长只会接受 A,A 以下的任何分数都会让他们失望。这听上去毫不陌生吧?多数人制定目标的过程都是如此。学校之所以会采用分数制度,学生之所以会制定完美目标,都是因为大家有一种错觉,以为想得到理想的结果,就该设定理想的目标(比如考出 A 或减重 25 千克等)。

另外，学校教育我们，只要付出最大程度的努力，就会取得优异的成绩；然而，人生告诉我们，最大程度的努力只是让取得优异成绩成为可能而已。学生们走出校门，步入人才市场，即便不犯任何错误，也仍然会因为没能成功求职而在现实的考场上失利。学校正是滋养完美主义思维的温床。

上述这些问题的一个共同影响就是让我们对不确定的事物产生了恐惧。所有消极行为和思维方式，包括完美主义，都会呈现出某种表面的好处，令人对其趋之若鹜。基于上述几方面的共同影响，你能猜出完美主义的最大的吸引力在哪里吗？

完美主义的"好处"

完美主义是一台制造借口的机器，只要建立了完美的标准，实现与否似乎就变得不再重要。你还可以用这些标准来应对内心深处的恐惧和迟疑。如果我觉得自己不擅长写作，我就可以在这方面树立一个高不可攀的标准，从而让自己彻底打消尝试写作的想法——比方说，我希望自己所写文章的初稿就能像海明威一样练达，像莎士比亚一样睿智，这样的目标只会导致我完全不想动笔，一个字也不愿意写！

完美主义者喜欢远离恐惧的事物时获得的所谓安全感，这种完全不用付出努力追求卓越的心态也就成了人们成为完美主义者最主要的原因。想想我们什么时候最追求完美，你就能明白其中的道理。

你是否注意到，风险（和恐惧）越大，人们就越容易表现出完美主义的症状？

对大多数人来说，比起受到赞美，他们更希望能避免难堪。作家与研究者布蕾妮·布朗（Brené Brown）说过，完美主义是一副重达 20 吨的盾，我们无论走到哪里都举着它，希望能保护自己免受伤害。"而事实上，"她说，"它的唯一作用就是让别人看不到我们。"如果没人能看到你，你就再也不会感到尴尬了。但是，有任何人愿意一辈子都无法被人看到吗？其实，被人关注以及偶尔的难堪都是人生不可或缺的部分。

关于强大的错觉

对强大的渴望和对无能的担心，这两种想法都会令人感到巨大压力，而完美主义似乎是解决这两个问题的唯一办法。你可以在假想自己强大的同时保护自己不陷入任何难堪境地。在这种情况下，毫无作为似乎更能证明你的巨大潜力，因为对完美的渴望已经（在用光所有借口后）暗示你具备最终实现目标的能力。然而事实上，毫无作为只会埋没你的潜力，无论是对他人来说还是在你自己眼中。

如果说完美主义是一座冰山，海面上露出的那个尖顶就是对完美的渴望，而海面下那占据了冰山 90% 的主体则是对失败的恐惧。虽然我们不愿将后者示人，但它确实在左右我们的行为。

对于这种令人困扰的思维方式，我还有一点想提醒大家：让我们感到恐惧的不是失败带来的直接后果，而是自己可能会得不到一心追求的事物的想法。

我们之所以抱着完美主义不放，不是因为失败的成本增加了，而是因为回报的重要性提升了。 有些东西，我们越想得到，就越害怕得不到，那些会导致我们以完美主义为借口不去实施的低风险、高回报的行为就是"完美"的例子：约女孩出去，请求加薪，会见陌生人，尝试新事物等。上述这些事情的风险常常小到可以被忽略，毕竟成功的诱惑太大了。既然如此，人们为什么还会迟疑不前呢？构成失败的要素有两个。

对失败的两点思考

首先，构成失败的第一个要素是失败的直接影响。例如，如果你没能跳过一道深沟，就可能掉进去，受重伤甚至死亡。但上文中我们提到的失败的例子并不会造成什么严重影响。遭到拒绝后，你或许会感到些许难过或自信受挫，但在大多数情况下，你并不会因此有什么实质的损失。

但是，即便是这些几乎零风险的行动，还是会令我们产生恐惧心理，其原因就在于失败的第二个要素——失败的意义及其象征。如果你失败了，你自然会思考其背后的原因。她为什么拒绝我？我为什么得不到加薪？我第一次甚至试了十次都搞不定一个魔方游戏，难道是因为我是个笨蛋？

这些问题的答案就是我们心中最恐惧的事情。老板说不能给你加薪，为什么？你可能会想是因为自己不够优秀，表现不令人满意，甚至事业已经发展到了尽头。突然间，本来零风险的尝试却给你的信心和自尊带来了致命的打击。

令我们害怕的是这些事情的失败对我们自我的影响。我们害怕失败会暴露我们的缺点，打破我们易碎的希望和梦想。这些才是我们真正害怕的东西！过去的我也是个完美主义者，特别担心两性关系中那些"有象征意义的失败"。我觉得，如果一个女孩拒绝了我，那其他女孩肯定也不会接纳我！

完美主义能保护我们免遭这种象征性的失败。因为低风险、高回报的机会往往都与我们渴望的爱情、事业、人际交往上的成功相关，所以一次失败可能就代表了我们在相应方面的常态。然而，理性考虑，你的失败不过是一次偶然的结果，并不能左右你的一生。（关于这部分内容，我们将在本书的后半部分详述。）

按这种思路分析，完美主义还有另一个"好处"——神秘感。如果你永远不做尝试，你就永远无法证明在某些方面你远远未达到世界领先水平。完美主义带来的神秘感让你可以永远活在完美的幻想中，不用接受考验，也不用被拒绝。然而稍微用一下逻辑，你就会知道人无完人，所以，完美主义不会带给我们任何神秘感，带来的只会是假象和幻想。

我们必须面对现实——完美主义并不能保护我们。诚然，它能保护我们的自信和希望不被彻底摧毁（否则它也不会如此受欢迎），按照这种逻辑，完美主义者似乎成了谨慎、负责的代言人。

对此，我想请你思考一个可能会改变你一生的问题：你真的想要或需要这种所谓的保护吗？

被保护并不一定是件好事。想想那些在人类保护下长大的动物，因为缺乏必备技能，已经无法在野外生存；想想单个肌纤维，虽然运动时受到不断拉扯，却会因此变得更加强壮。可见，保护往往会削弱被保护者的能力。

随着时间的推移，完美主义会显著削弱我们的能力，因为它让我们避开了犯错或失败的机会，而这些错误和失败，短期来看确实会带来伤害，但是长期来讲对我们大有裨益。原因是，**如果你能承受某种不幸，并因此而变得强大，那你就不需要所谓的"保护"。没有了保护，你会变得更加优秀。**

完美主义是驱策还是束缚了你

有时，完美主义过分驱策了你，而有时则束缚了你，还有一些时候是二者兼具。

受到过分驱策的完美主义者永远不知满足。之所以这样说，不仅是因为他们总是不懈地追求更美好的事物，还因为他们对自己已经拥有的事物和自己或他人的表现从不满足。

受到束缚的完美主义者，指的是那些被失败的恐惧禁锢，人生因此受到局限的人。他们只求安稳度日，看看电视，做些"该"做的事，不敢冒任何风险。

受到过分驱策的人面对的最大难题是过高期待和纠结不放，而令受到束缚的人最为困扰的是过失担忧和行动顾虑。不过,两种人都会存在认同需求问题,这也正是造成一些人选择逃避或走向极端的主要原因。当然,这五个表现形式中的任何一个都可能对这两种人造成折磨,具体的解决办法我们将在下个部分中着重介绍。

通过本章的阅读,我们了解了完美主义的问题所在及其对我们的影响,在下一章,我们将重点揭示完美主义可能导致的更为可怕的后果。

IMPERFECT-IONIST

第 3 章

完美主义的毒性

励志卓越可以成为你努力的动力，追求完美却只会让你身心俱疲。
——作家哈丽雅特·布莱克（Harriet Braiker）

无瑕博士

无瑕博士®

在你人生接下来的日子里，
每隔60秒服用一粒胶囊。
若未能按时服用，
你的人生将陷入悲惨境地。
抱歉。

副作用：
精神抑郁，焦虑不安，
倦怠懒散，碌碌无为，
虚假的安全感及无尽的
背部酸痛

© 2015 Stephen Guise

完美主义是剂毒药

最初，我将这一章命名为"完美主义带来的痛苦"，但完美主义不仅会令我们感到痛苦，还会对我们造成切实的伤害。完美主义就像一剂毒药：若是摄入微量，你虽然也会痛苦，但可能完全意识不到它的副作用，因为你早已习惯了这种症状。完美主义的毒性如果剂量小，你可能根本察觉不到，但它会慢慢伤害你的生活；一旦剂量增大，就会对你的身心健康造成致命的伤害。

不仅如此，完美主义真的会致命。一项针对450位老人做出的长达六年半的研究发现，有完美主义倾向者在这段时间内的死亡率比其他人高出51%。另有研究表明，完美主义与精神抑郁和自杀率的升高息息相关，其风险并未得到足够的重视。

另有一项研究显示，"针对精神抑郁，无论采用何种治疗手段——药物治疗（丙咪嗪）、认知行为疗法、人际疗法或是安慰剂治疗——完美主义永远是短期治疗中首要的破坏因素"。这也就是说，很多情况下，需要治疗的也许并非精神抑郁本身，我们应更多关注深层次的完美主义心态，因为它才是令许多人陷入抑郁和考虑自杀的元凶。

衡量一种心态的好坏，重点要看它对你的行动产生的影响，以及你对自身作为的情绪。总体来说，完美主义心态在上述两方面都会造成消极影响。但话说回来，完美主义真的没有任何积极甚至健康的作用吗？

完美主义百害而无一利吗

我确实认为完美主义这个概念整体上看对人有害，但说实话，我知道事情也不能一概而论。所以，如果你问我"所有完美主义都有害吗"，以当下人们对它的定义来看，我得承认，完美主义的有些方面还是很有用的。

唐·哈马切克（Don Hamacheck）或许是第一个发明"健康完美主义"概念的人。1978年，他提出完美主义存在不同的程度，有正常程度的完美主义，也有神经质程度的完美主义，其中正常程度的完美主义是健康的。他表示，正常的完美主义者"在条件允许的情况下能做到不那么严格"，而神经质的完美主义者"却无法感到内心的满足，因为在他们眼中，自己永远无法达到能令自己感到满足的优秀程度"。

可是，"不严格"怎么能被称为完美主义呢？所谓完美主义不就是拒绝接受任何不够完美的结果吗？我们先来看看这个问题。

根据弗罗斯特多维完美主义量表的定义，无论是研究人员还是普通大众都一致认为个人标准（PS）及整洁有序（OR）是完美主义的积极形式。心理学家托马斯·格林斯庞（Thomas Greenspon）对此做出了回应，说明了他个人的异议。

事实上，弗罗斯特等人（1990）真正的意思是，虽然个人标准及整洁有序这两个方面确实能反映出几种积极的性格特征，但不可否认，个人标准与精神抑郁密切相关，而整洁有序"似乎并非完美主义的核心内容"。

个人标准可以提供积极的性格特征，但也与精神抑郁有着密不可分的关系，因为它由两个部分组成：追求卓越和过高期待。这两个部分可以也应该被分开看待。我会在"不切实际的期待"一章中探讨后者。追求卓越就其本身而言绝对是件好事，而期待过高则是一个问题。

至于整洁有序，甚至可以说它并非完美主义的组成部分。对于完美主义的定义，研究人员并不能达成一致。心理学家阿舍·派屈（Asher Pacht）认为，无论如何，完美主义都是消极的。而格林斯庞在总结所谓"健康完美主义"时写道：**"健康完美主义者并非真正追求完美的人。"**

这句话非常重要。要是全世界都能看到这句话的真谛，我们就不再会因完美主义而感到任何困惑。而如今，我们还会迷茫，是因为追求卓越是所有人成功的必要前提。正因如此，许多人才把完美主义也看作为实现成功而做出的"必要努力"——特别是在艺术领域——同时，他们也把本章讨论的所有消极影响一同当作成功的要素。如果你以为只有成为完美主义者才能有所成就，那你很可能也会把过分的自我批评以及完美主义的其他消极倾向都看作正当甚至必要的因素（然而它们并不是）。

但是，过去人们对完美主义给出的一刀切的定义如今已日渐模糊，它已经渗透到社会的各个角落。我可以花上好几页的篇幅援引无数名人声称自己是完美主义者的论调，然而，大部分人只不过是在表达他们追求卓越的决心，还有一些人实际上是在表达自己善于进行自我批评，另外还有一些人二者兼具。在这些混淆了完美主义定义的论调中，我只发现两位知名公众人物分清了完美主义和追求卓越的区别。

> 别人说我是个完美主义者，但我并不是。我只是崇尚正确，无论做什么事，我都要做到正确，之后便转向下一件事。
> ——詹姆斯·卡梅隆（James Cameron），电影史上票房最高的两部电影（《泰坦尼克号》和《阿凡达》）的导演
>
> 我不是完美主义者。我只是追求并需要达到卓越。二者是有区别的。
> ——奥普拉·温弗瑞（Oprah Winfrey），主持人，先后10次登上《时代》周刊"最具影响力的100位美国人"名单

虽然我希望能够从完美主义的定义中排除追求卓越和整洁有序这两个健康内容，改变世界对完美主义的误解，但大多数人还是习惯将这两点纳入完美主义的定义。就算我们不得不接受这种定义，我们至少要对有害的完美主义和健康的完美主义进行区分。在解决

问题和为人处世的过程中，我学到了非常重要的一点：**无论做什么事，都要先明确其真实状态，然后再去寻找对策，而不要一开始就想当然。**当下人们对完美主义的定义确实包含了追求卓越和整洁有序这两个健康部分。因此，如果它们被普遍视为完美主义的组成部分，那完美主义确实并非一无是处。

通常，人们会说一滴毒毁了一桶水，但健康的完美主义（像有些人定义的那样）则是被一滴水稀释的一桶完美主义毒液。既然我们已经了解了这滴水，接下来，我们就再来分析一下这桶毒。

被动生活：电视和完美主义

如果你是那种行动受到完美主义束缚的人，我敢打赌，你一定会把大量时间花在电视上。完美主义者和拖延症患者都爱看电视，因为看电视不会出错。看电视是绝对被动的行为，因此也就成了自动、简单、有所回报又不会犯错的"成就"。任何被动行为对完美主义者来说都是安全的，因为他们不用去积极参与什么事，也就不会搞砸任何事。我相信完美主义是美国人每天沉迷电视的主要原因，相关数据如下。

- 18～34 岁：平均每天看电视时间为 4 小时 17 分钟。
- 35～49 岁：平均每天看电视时间为 4 小时 57 分钟。
- 50～64 岁：平均每天看电视时间为 6 小时 12 分钟。

长时间久坐确实会造成致命伤害，但这只是对身体而言。这一数据最令人担忧的是，美国人平均每天竟然至少花 5 个小时让大脑处于被动状态，而且随着年龄增长，这个数字还在不断增加。这样看，这已经不是一个寿命长短的问题，而是一个"我们真的在生活吗"的问题了。

（受伤或年迈等情况造成的）行动局限性并不是被动生活的合理借口。乔恩·莫罗（Jon Morrow）是一位企业家，他天生脊柱肌肉萎缩，导致脖子以下的身体部分毫无知觉。他虽然只能坐着，但并不消极。他利用自己的声音就可以实现月入 10 万美元的成就。

> 比起躺在疗养院的床上跟其他行将就木的人一起每天看上 15 个小时电视等死，我宁可死于自己热衷的事。前者是我能想到的最可怕的事了。
>
> ——乔恩·莫罗

如果说终日无所事事只看电视这种活法真有一个过硬的理由，那可能就是"我脖子以下全身瘫痪"了。然而，乔恩却对此嗤之以鼻。我并不想谴责那些看电视的人，电视并非人类的敌人——它只是一个严重问题的表现而已。如果完美主义者的思维模式让你总想拖延、逃避人生，那你就很难抵挡电视的诱惑。上面的数据确实很惊人，但似乎也不足为奇，毕竟，我们大部分人都是完美主义者。

在人们想象中，完美主义的一个好处是，它虽然有很多问题，但至少能让你有更好的表现，不是吗？然而一些研究显示，事情并非如此。

完美主义会影响发挥

接下来的研究你一定觉得有趣：人们用弗罗斯特的完美主义量化表对51名大学本科女生做了一项测试，目的是了解她们每个人完美主义的程度。测试结束后，研究又要求她们对一段话进行缩写，要求她们在保留原文全部意义的前提下做到尽量简练。她们缩写的作品最后会被统一交给两位（完全不了解调查对象完美主义程度因而相对公正的）大学教授进行评阅。研究发现，完美主义程度高的那组研究对象"缩写测试的表现明显差于完美主义程度低的另一组"。

虽然该研究的样本很小，但两组的差异仍然是有意义的。一个可行的解释是，不太追求完美主义的人会经常练习写作（阻止人们动笔写作的唯一原因并非缺乏想法，而是完美主义），因此练就了更强的写作能力。另外一种解释是，完美主义往往会把你的意识强度调整到极限，会干扰潜意识活动，这就会给创造性、专注力以及由潜意识主导的活动带去消极影响。

打篮球的时候，我常常处于一种放松玩乐的状态，但有时也会在意自己是否表现完美。任何喜欢进行体育运动的人都明白这两种心态的差别，像我一样，他们都会告诉你，他们在放松时才会有更好的表现。为什么呢？

运动也好，人生也罢，最好的结果都来自训练。如果训练让你的某种技能达到了本能（即潜意识）的水平，那你的意识就可以得到放松，而这种放松状态要比紧绷状态更加高效而有用，因为这时你的注意力更容易集中。

完美主义者的表现会更差，这件事确实有点奇怪。问题在于，完美主义者总试图做到万无一失，而人类的行动系统无法做到这一点。本来我们还以为，提高表现水平会是完美主义的补偿特质。这样看来，完美主义就更不具备吸引力了。

我们都想有更好的表现，不愿发挥失常，为此，完美主义者修炼出了一种"自我设限"（self-handicapping）的技能，一边否认失败的意义，一边又在展望成功的可能。这听上去不错，但自我设限会让你付出代价。

自我设限导致我们畏缩不前

生活中，你是否遇到过那种失败后立即就能找到一堆现成借口的人？我以前就是那样的。

"自我设限"的概念指的正是这种人的行为。他们公开或在内心为自己的行动设下限制，而这些限制在失败时可以成为开脱的借口。在公开自我设限的情况下，当事人可能会在赛跑时让别人的起跑线比自己的更靠近终点，这样一来，如果他们输掉比赛，就可以说是因为别人少跑一段。在内心自我设限的情况下，他们虽然和别人从同一点起跑，但可能会在心里想"我膝盖受伤了，而且累得不行"而不是"我一定要赢得这次比赛"。

我们之所以这么做，是为了自我保护。我们获得了成功的机会，而一旦失败，能找到"我脚踝痛"这种借口还是很不错的。毕竟，如果我们接受行动的全部后果，风险就太大了。

之所以说自我设限是完美主义的特质，是因为有了它，你就可以在自己的失败旁边加个脚注，好像这次失败事出有因一样。但事实上，自我设限会成为你成功路上的障碍。你永远在保证安全第一，从不是想去赢得胜利。有多少球队就是因为在比赛的最后一节一心求稳而被对手运用战术逆袭的？这样的例子不胜枚举。当然，有些求稳的球队的确拿下了比赛，这就如同有些人即使自我设限也能取得胜利一样。但是，你只要看过球队全力应战的表现后，就很难再将求稳战术视为最佳打法了。

在美国职业橄榄球大联盟（NFL）的比赛中，新英格兰爱国者队即便在领先对手的情况下也会尽力拼搏，而不是采取守势。这要归功于教练比尔·贝利奇克追求持续得分的战术。出于这一点，新英格兰爱国者队还先后几次被谴责有"刷分"之嫌，即在比赛胜局已定的情况下还执意得分。他们的战术似乎非常有效，截至我写作时，他们队已经在上半场领先情况下拿下 72 场联赛胜利。

我知道有人会说我老生常谈，但我还是要说，人生苦短，不容我们一味求稳。对正常人来讲，100 岁的寿命已经是极限了，我们有什么理由不在合理范围内洒脱地生活？这正是不完美主义者的特点。你也许因为那些所谓有力的借口而错过了自己想做的事,而到生命尽头,这些借口是不会给你成就感的。

人的一生始终都在追求两样东西——舒适度和成长度。若想在某个领域有所成长,你就必须面对不断增加的风险、不确定性甚至不适感。除此之外别无他法。我们来看一个具体的例子。

我一直希望身材变得结实,为了实现这一目标,我就必须面对一系列的不适。我得练习举起相当重的杠铃,这对我的身心都是一种考验。每次推举或拉伸,我都会感觉到自己身体的疲惫;而心理上,我也感到无比烦躁,大脑一直在骚扰我,说:"斯蒂芬,快放下杠铃,去打游戏吧!"

举重会造成肌肉纤维的酸痛,这就如同我们在经历失败或不安后内心会感到痛苦一样。但接下来,肌肉会得到重塑,变得更加强壮,这也如同失败后总结了教训的我们会变得更强大一样。**这绝非陈词滥调,从神经学角度讲,在频繁经历失败或痛苦后,我们的大脑在面对这些失败和痛苦时便会具备更强的抗压力。**想象一下有两位男性,一位被女孩拒绝过 200 次,另一位从未有此遭遇,那么下一次两个人都遭到拒绝时,哪一位会更好地应对呢?当然是大脑已经熟悉了整个过程的第一位。

想想各行各业最娴熟的专业人士吧,他们也曾经笨手笨脚,或表现糟糕。通往卓越的路一开始都崎岖不平,我想这一点大家都清楚,但我们似乎并没有意识到我们在潜意识中经常通过自我设限绕开颠簸的道路,假装真存在一条平坦的上升通道。这样的通道并不存在。每次遇到失败，我们都试图找出一个借口，却不愿接受我们虽然有时会失败，但也会重整旗鼓的事实。

此刻，请你思考你人生中的几个重要方面——学业、生意、事业、身材、爱情、人际关系，等等。在这些方面，你会自我设限吗？如果会，就意味着这些对你很重要，你只有对在乎的对象才会自我设限。比如在点餐的时候，你就无须特别自我设限说："我本来可以点墨西哥炸鱼排卷饼的，但可惜当时我眼镜起雾了，没看到这道菜。"之所以如此，是因为点了不好吃的菜也没关系，不过是一顿饭罢了。（请注意：有些人或许仍需要花很长时间才能决定点什么，或者还会对点了不好吃的菜耿耿于怀，但这并不是出于自我设限。）

人们会自我设限的领域通常有以下这些。

- 事业（比如在工作中三心二意或放松懈怠，就好像在为某个特殊场合或合适时机"预先储存"精力一样）
- 爱情（比如对待一份感情不全心投入，总是保持距离等）
- 人际关系（比如找各种借口避免和人交谈，假装不在乎等）
- 个人形象（比如不愿表现出最好水平，这样一来如果被人拒绝，你就有了合理的借口解释）
- 健康（比如因为受了点小伤或出了点小问题就拒绝运动，而这些问题其实都不影响运动）

让我们成为充满干劲、乐观向上的人吧，不要畏缩不前，因为明天是我们用双手创造出来的。自我设限的根源是完美主义，它的最大毒性在于提供给我们一系列借口。我们的人生本可以生机勃勃，即使失败也可以重新再来，越挫越勇，但因为自我设限，我们只能苟且一生。

完美主义无疑是个问题，但解决办法并非唾手可得，因为它已经成为我们根深蒂固的习惯。

完美主义习惯：完美才合格

我们的行为模式——习惯是在潜意识里养成的。杜克大学的一项研究结果显示，这些模式占据了我们人生中大约45%的部分。有些习惯显而易见：健身、吸烟、每天早餐吃苹果、紧张时摸脸。而有些习惯，如惯性思维，则不像行动一样明显。

完美主义就是这样一种"不可见"的习惯，它是一整套认定"做到完美才算合格"的思维方式。你可以看到这种思维的问题所在：完美怎么能和合格画上等号呢？如果在你眼中，凡事都要做到完美才算合格，那你的人生就永远不可能达到可以接受的水平，更别说美好了。

地板和天花板是你人生中两个重要的考量标准。在这种语境里，地板代表你过上满意生活的最低需求，而天花板则代表你有可能达到的最高水平和最大胆的梦想。只要能生活在二者中间，你就应该感到幸福，因为你的最低需求已经得到满足。自不必说，你也永远无法超越你的天花板（否则它就不是你的极限了）。

完美主义的问题就在于它让你把完美当成了脚下的地板，这样一来，你的上面就再也没有天花板了。当然，在你的思维模式下，地板也就成了天花板，因为完美是无法被超越的。虽然我已习惯住在一个只有14平方米的"微型工作室"里，但地板即天花板这样的格局也会令我感到窒息。

完美主义者确实愿意用这种思维方式想问题，但我们必须认清他们如此思考的根源。既然完美主义已经成为我们认知世界的惯性模式，要想改变必须从神经层面做起，而不能靠一句感性的"你能做到"。

如何改变

我们暂且把完美主义的话题放到一边，来看一个更重要的相关问题：我们如何改变？本书的最终目的是要帮你成为一个不完美主义者，但我们提供的改变方式与你读到的大多数作品提供的有所不同。很多书会告诉你"放松"或"释怀"，却没有提供具体可行的办法，其实用价值已然大打折扣（或许更糟）。那些书可能暂时让你情绪良好，但如果你的思维方式不改变，长此以往，你还是你。我并不是说那些书里的豪言壮语不可能帮助你实现永久的改变，但可能性的确相当之低。

如果你之前读过我的《微习惯》，就会知道依靠动力改变习惯的策略有何缺陷，或许想跳过这一部分。然而，我会在这里增加一些《微习惯》中没有的内容，所以还是请你认真阅读以加深印象，毕竟这部分内容非常重要。在此，我将解释为什么解决完美主义的办法（下一章的最后一小节将开始探讨的内容）都要从行动先行的微习惯策略开始。

靠动力就够了吗

依靠动力改变习惯是这类策略中最受推崇的，然而这种方法存在致命的缺陷。这是一种"昙花一现"的方法，可是要知道，真正的改变不能一蹴而就。我在《微习惯》中就曾写过，要想实现长期改变，必须通过足够多次的重复，在大脑中形成新的神经回路。如果达不到这种程度，你的大脑和行为必定还会重蹈覆辙。

你是否曾经试着寻找动力去做一些积极的事？所谓寻找动力，以我的理解来看，就是操控情绪。当下，你对某事其实是无感的，要想对其付出心力，你就必须让自己变得对其充满兴趣。比如，对许多工作任务来说，你只有先想到它们都有什么好处，才会想要采取行动。

不管手段如何，你的目标就是让自己改变对该行为的情绪。这听上去确实不错。如果你有了动力，不管什么工作都成了小菜一碟，完成它都成了顺理成章的事，根本不需要动用意志力。然而，这么做并不明智，因为它不是每次都有效。比如，那些关于完美主义的书以"你已经很棒了"或"你已经做得很好了"等煽动性的话语鼓励读者，这只能暂时缓解完美主义对他们内心的控制，暂时让他们感到改变的力量，但其实并非长久之计。

动力策略是从大脑开始的，但大脑并非一个好的出发点。至于原因，我们可以先来探讨一下情绪、动力、行动和习惯之间的关系。

行动带来情绪

情绪会激励我们采取行动，但反过来也一样：行动也会带来情绪。行动让我们产生特定情绪，情绪又会让我们采取行动。世界上大多数人关注的是后者，而前者往往被人忽略，然而正是在行动产生情绪以后，情绪又会激发更多的行动。

想象有一对夫妻，他们深爱彼此，这样的情绪让他们想要接吻，这就是我们常见的思路：情绪激发行动。

但我们再来看另一个故事：丈夫想要和妻子离婚，理由是已经不爱她了。妻子非常难过，但她请求丈夫在签署离婚协议之前每天早上把她从卧室抱到大门口，就像结婚当天把她抱进新房时的那种抱法。对于妻子奇怪的请求，丈夫感到好笑，但最终还是答应了。随着日子一天天过去，每天抱妻子的行为让丈夫增加了与妻子的亲密感，他们的爱火被再次点燃，两人重新走在了一起。有人认为这个故事只是个传说，但其中的道理是真实的：我们的行动会严重影响我们的情绪，其影响会强大到令我们做出改变，哪怕你根本不是故意为之。

人们总喜欢说爱是行动，不是情绪。但其实爱既是行动，也是情绪，而且二者会相互作用以达成一致。如果你以行动表现出爱，你也会感受到更多爱，但是如果你感受不到爱了，你也就不太可能再有任何行动了。解决这点的最好办法是什么呢？很多证据表明，找回失去的爱的最好办法就是从行动开始。

社会心理学家艾米·卡迪（Amy Cuddy）做过一个实验。她让一组被试摆出八面威风的姿势，另一组做出无精打采的样子，两组人保持各自的姿势两分钟。第一组人身姿挺拔，他们两手叉腰，手臂张开（姿态开放、宽阔，占据很多空间）。另一组人则抱着肩膀，缩起身体（一副谨小慎微、局促不安的模样，占据很少空间）。

两分钟过后，第一组人的睾酮指标上升了20%，皮质醇指标下降了25%。接下来的实验显示出第一组人比第二组人更愿意承担风险。睾酮上升会令我们更坚定、更愿意承担风险，而皮质醇下降则会帮我们减少焦虑和压力。再来看看第二组人，他们的姿势产生了相反的效果，睾酮指标下降了10%，而皮质醇增加了15%。

> 两分钟就可以导致荷尔蒙改变，从而改变你大脑的配置，令你或变得坚定、自信、从容，或变得焦虑、被动、自我封闭。
>
> ——艾米·卡迪

上述实验向我们提供了有力的科学依据，证明一个简单的动作就可以严重影响我们体内的化学水平，从而影响我们内心的情绪。还有许多其他更直接的证据可以证明，行动先行的对策在改变我们的情绪（增加动力）方面确实有很大优势。前文提到的杜克大学的研究也显示，行动比思维更容易导致研究对象情绪的改变，差距有近两倍。

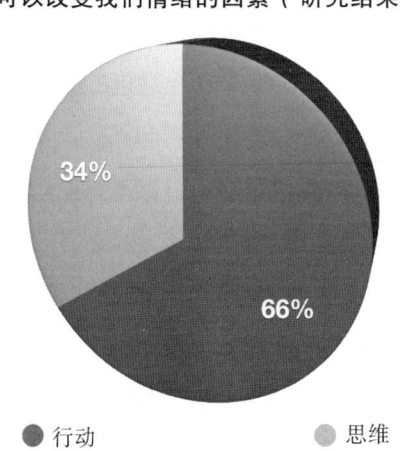

可以改变我们情绪的因素（研究结果）

34% 思维

66% 行动

刚刚我们讨论了情绪和行动的关系，而上图显示的实验对思维和行动进行了对比。**在动力策略中，思维先行是改变情绪的标准做法。要是自身没有达到一种自愿采取行动的心理和情绪状态，人们并不会主动采取行动。**

另一个问题是，思维很容易受到人们本想依靠其摒弃的情绪的左右，这样一来，靠情绪实现改变就越发困难了。这也就是为什么动力策略的效果是有限的。我们如果真的缺乏需要的情绪，改变并不是寻找动力或想想自己的目标这么容易就能达成的事。你或许能偶尔成功，但不会每次都成功。

动力策略如此受推崇，对我们来说实非幸事，因为只有先做出行动，才更容易获得动力。对于依靠动力的人来说，这个说法似乎毫无说服力，因为他们坚信一个存在漏洞的前提：如果没有足够动机，他们就不会采取行动。但是要知道，我们除了动机还有意志力，有了它，我们甚至可以逆情绪而行动。而且，如果我们将依靠意志力行动变成一种规律，那我们就出色地迈出了激发最大动力、采取更多行动的第一步。

关键是，行动本身就是最好的出发点，因为它能引发更多的行动；而一味寻找更多动力前进的方法并不可靠，也很低效。动力策略的另一前提是你永远愿意被激励，但试想一下，如果你的终极目标是受到激励而去健身，工作一天后，你发现自己根本不愿意被激励，也不愿提高自己的动力，那你又会怎么办呢？动力策略背后的逻辑建立在你的弱点之上，然而，更好的办法是从你的优势下手。

如果你缺乏采取行动的动力，那该从什么优势下手呢？选择确实不多，或许这就是人们会感到束手无策的原因。不过，只要拿出少许意志力，每次前进一小步，完成一个"微型目标"，你就可以创造出一种优势。微习惯策略的前提就是把这个过程应用到极致——即养成习惯。

有些人说，除了呼吸这样的自动功能外，无论做什么事，我们多少还是需要一些动力的。此话没错，但是他们所说的动力并非我们讨论的，两种动力有着巨大差异，我们只需要其中的一种就可以有效采取行动。

动力的两种不同类型

知道吗，动力或许能让你产生写一本书的想法，但无法驱策你完成写作的行动。原因何在？第一种动力只需要给你一个大体的原因，让你产生写书的想法，而第二种动力需要时刻提供一种激励，场合不同，心境不同，方式也不尽相同。我想每个人都有这样的经历：虽然总体来说，我们想做某事，但到了具体实施阶段，我们却可能改变心意。

我们不需要的正是那种起伏不定的动力，它总是在变，所以根本不可靠。过去，你的一些目标之所以无疾而终，正是拜这种动力所赐。如果你经常制定目标，信誓旦旦地坚持一到六个星期后又总是出于各种原因而突然放弃，那你一定已经对这种始终在变化的动力对目标的破坏作用深有感触。

人们之所以会把动力当成一个单一概念讨论，是因为他们会用做某事的理由来代替让他们想做这件事的情绪的火花。我丝毫不质疑其背后的逻辑，而且我也相信正是想飞行这个理由激励飞行员坐到了飞机上。这种动力经常是有用的，但也请你不要忘了我们刚刚讨论的内容。

如果你把做事的理由与做事的意愿混为一谈，那么你失去对后者的感觉的时候，就要重新为写书、健身、打扫或冥想找出理由。而前文中的研究已经说明，情绪和行动之间的关联才更为强大，行动对情绪的影响要比思维对情绪的影响大一倍。虽然这并不能自动得出行动更为有效的结论，但至少可能性很高。

回想一下卡迪的研究，其结果充分说明了我们身体的化学水平会在很大程度上受到身体语言的影响。身边的大量证据表明，比起思维，行动能让我们产生更强大、可靠的情感反应。虽然我们每天用于思考的时间远远超过用于行动的，但行动的影响力仍有思考的两倍，这足以说明行动与情绪的关联更为紧密。

如果你以为"只要有想法就必定产生意愿"这种动力策略逻辑每次都能奏效，那你恐怕就天真了，因为这是违背人类情绪多变的本性的。我们一定不要低估消极、焦虑、慵懒情绪的破坏力。或许可以这样说：一旦你把感觉当成行动与否的决定因素，你就彻底沦为了情绪的奴隶。你可以尝试各种激励技巧，但最终的结果一定如你的情绪一样根本不可靠。

"寻找动力"的方法能够如此流行，是一种很有趣的现象。在美国亚马逊网站的畅销书排行榜上，动力策略类书籍在非小说类作品中排名第七位，在自助类作品中排名第二位。（与此同时，"意志力""纪律"或"任务分解"却没有独立的类别。）这种错误的思维方式已经深深植根于我们的社会中。环顾四周，你会发现人们都在寻求或在传授动力策略，这一点令我非常难过。

那些成功改变了生活的人都知道，只要开始行动，相应的情绪就会产生。

请不要忘记：通过采取行动来改变思维和情绪要比通过改变思维和情绪来改变行动容易得多。

习惯会耗尽动力吗

靠动力引发行动还有一个问题，就是动力在本质上是与习惯不能兼容的。前文提到的得克萨斯的研究结果显示，与习惯性的行为相比，我们对非习惯性的行为有明显更为强烈的情绪。随着行为的不断重复，我们的潜意识就会慢慢接受这种规律，神经通路也会得到巩固，从而导致我们对它情绪投入的降低。这对我们来说是一种本能反应。想想吧，有什么能比初吻更令人神魂颠倒？第一口比萨总是最美味的吧？甚至连第一块都比第四块香。重复是我们学习的方式，但是随着新鲜劲的消退，我们对这些行动的情绪也会减少。当然，其他因素也会引起情绪的变化，但如果其他条件不变，习惯是造成情绪减少的重要原因。

现在，想象有这样一个人，他正被情绪引发的动力驱策，想要培养一个习惯（比如在做年初计划的时候）。随着培养习惯的过程发展，情绪的影响会越来越弱，直到最后他的内心已经波澜不惊，而结果则是他要么（靠意志力）完成了游泳的任务，要么任凭计划不了了之。这就是许多人在尝试朝新目标努力一至六个星期后常常会放弃的原因。那段时间正好是行动转化为潜意识的阶段，也是情绪（和动力作用）消退的阶段。

如果你想让自己的变化持续，那就需要或多或少地忽视动力的作用。这并不是说动力本身毫无价值，相反，动力的两种形式对于我们创造精彩人生而言都至关重要。只是，我们现在探讨的是应该采取什么对策才能尽快解决完美主义的问题。我们只有凭借可靠的初始策略，才能保证持久的积极改变。

我们刚刚分析了为什么我们需要用行动先行的方法来应对完美主义。除此之外，要想实现改变，我们还要做到另一件事——找到针对性的解决方案。比如，如果你想通过随机运动练出六块腹肌，那你在很大程度上是在浪费时间。你必须了解具体哪些动作能够帮你练出六块腹肌。

对想要改变的人来说，最难的似乎是坚持，因为解决办法是显而易见的：要想保持好身材，就需要健康饮食并加强锻炼；要想练好单板滑雪，就需要做大量的练习。但完美主义太过抽象和复杂，很难一下子找到针对性的解决办法。我们不能简单地说"不要什么事都追求完美"，这话说起来容易做起来难，它并不是针对性的解决方案。

在本书的后半部分，我们会将促成改变的两种因素结合起来，深入探讨以行动解决完美主义具体问题的办法。不过在下一章，我们还是先来介绍一下不完美主义带给我们的整体思维方式及轻松的心态。比起完美主义，这些才更有趣。

IMPERFECT-IONIST

第 4 章

不完美主义带来的自由

你只要在前进，不论多慢，都会把那些瘫在沙发上的家伙远远甩在身后。

——佚名

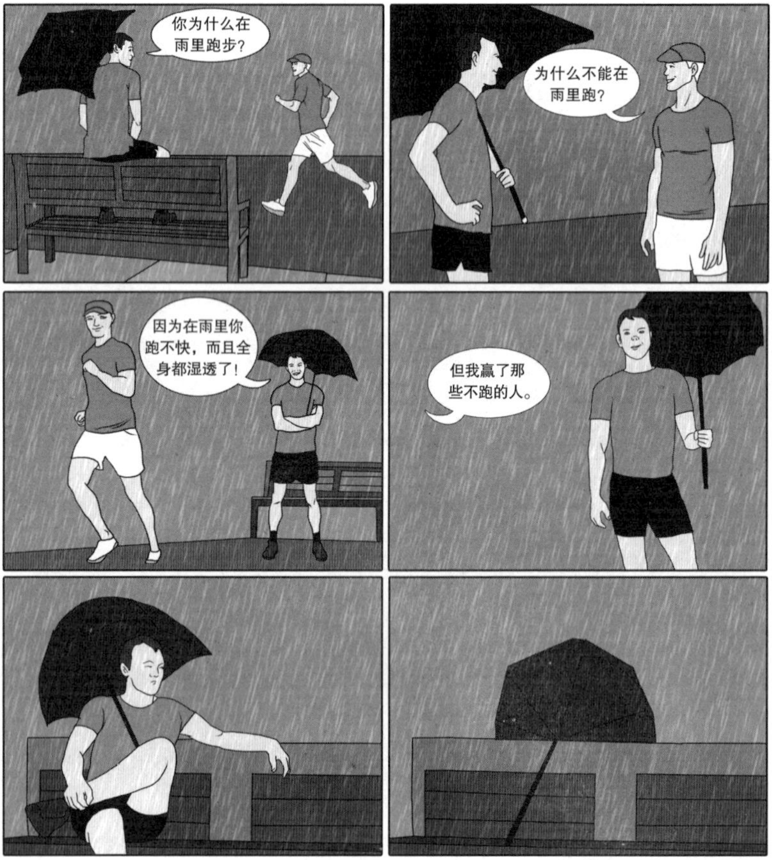
你为什么在
雨里跑步？
为什么不能在
雨里跑？
因为在雨里你
跑不快，而且全
身都湿透了！
但我赢了那
些不跑的人。

不受限制

　　不完美主义带给你的是无限自由，因为那才是我们的自然状态，是我们与生俱来的模样。相反，完美主义是人为的努力，它只会用不合理的标准限制、僵化、统一我们的行为。

　　不完美主义并不等于懒散、低标准、安于失败、不追求优秀与进步或对世事漠不关心。从其本质上说，不完美主义也追求美好，采取积极行动，但并不指望达到完美，更不用说把完美当成理所应当的结果了。比起把事情做好，不完美主义认为重要的是先把事情做完。当然，不完美主义与把事情做好并不抵触，它只是消除了对失败的严重恐惧。

　　不完美主义的重要前提，或者说关键，是标准低并不意味着结果不如意。人们常有一个错误想法：只有目标完美了，结果才能更接近完美。但事实正好相反：比起完美主义心态，只有你接受不完美，结果才能更接近完美。之前提到的一项研究已经充分说明，完美主义的学生在写作中的表现明显低于其他同学。

　　在此前提下再深入一步，我们需要了解，接受不完美并不意味着你想要"好吧，为了我的身心健康，我只能勉为其难地接受不完美"。如果你把不完美主义定位为不得不接受的不幸，那它很难给你帮助。相反，你最好将其内化，明白为何它才是最好的选择，懂得它能给你的生活带来什么变化。那些能获得成长的人往往都是不完美主义者。

其实这个道理并不仅限于人类，不完美的美在我们的身边随处可见。钻石之所以闪闪发光，是因为接受了切割打磨，而在此之前，它不过是一块粗鄙的碳化合物。经过漫长岁月里的高温和挤压，碳最终变成了钻石。你可以把你的努力想象成将碳块塑造成钻石的高温和挤压。当然，我们不仅需要努力，还需要时间与坚持，才能成长为更强大的自己。完美主义之所以无效，是因为它的前提就不成立，它竟然认为伟大的成就可以在首次尝试时就实现。

身为一个不完美主义者的首要好处是，你可以在更多的场合获得行动力，受到的压力更小，取得的成果更大。一个人越是勇敢、自信、轻松，就越容易接受生活中的不完美。 如果你希望人生中有好事发生，即使你的轮胎气不足、车身已生锈、前车灯坏了，你也必须即刻出发。因为只有走出去，你才能看到新世界、邂逅新的可能性，才能有更多实现成长、享受人生的机会。

一项想象训练

如果你真心接受自己的不自信、缺点和过失，你的人生又会怎么样呢？现在，发挥想象力，感受一下在一个你从未相信过不完美主义的领域里，不完美主义将带给你怎样的自由感。如果你能想象出来，你就能发现不完美主义的无限魅力。

好，现在你已经充分认识到自己的所有问题，但这些问题不会对你造成困扰。你发现以前你做事总想尽善尽美，但此时此刻，你已经释然了。虽然你犯了好几个错误，你却可以处之泰然。你竟然已经不在乎别人对你品头论足，不在乎被人拒绝，不在乎是否犯错，也不在乎一切是否完美了。这种新心态让你不再紧张焦虑，而是处于一种完全放松、平静、专注、高效的状态。现在的你正在参加一个派对，你竟然即兴跳出了几个大家从未见过的舞蹈动作。（要知道，这需要巨大的勇气，但你竟毫不犹豫地跳了。）

　　不完美主义者总能充分享受生活。不完美主义者勇于做自己，这也是他们被人喜欢和艳羡的主要原因。不完美主义者身上有明显的缺点，却因为比别人大胆而总是显得积极而自信。他们会让人感到羡慕：这家伙有这样那样的毛病，竟然还能这么自信、有趣、成功……我本来也可以这样，但我没有！

　　以前，当我还是一个完美主义者的时候，我并没能找到女朋友。每次看到情侣在一起，我就会想，她竟然能看上他？我比他身材好！那家伙有什么好？我比他帅！她竟然选他？他看上去就很无聊。那时的我，嫉妒所有身边有伴的人，却从未采取任何行动去主动寻找伴侣。原因当然是我害怕走出去，承担一个不完美的现实带来的风险，于是我就这样被困在了原地。

　　后来，我决定做一个不完美主义的单身族（这当然要感谢我后文中即将介绍的好办法）。这一决定包括两方面内容：满足单身的状态，接受与女孩不够完美的相处与交谈。每次，我采取的行动根本谈不上正确，更不要说完美了，但无论如何，我已经有所行动，而且体会到了其中的乐趣。在我搬去的新城市，我最初三次搭讪的尝试就不是很理想。

- **第一次**：对方有男朋友。出于礼貌，我竟然跟对方说"祝你和你的男友幸福"。你不觉得尴尬吗，斯蒂芬？
- **第二次**：对方是个同性恋，在我面前和女朋友接吻了。
- **第三次**：我在一家人满为患的健身会所问她能不能跟我约会，结果人家告诉我她已经结婚了。

虽然如今的我依旧单身，但自从成了不完美主义者，我便有了更多与女孩交流的机会，约会的机会也多了。最难得的是，我现在不再纠结于非完美的恋爱不谈，并因此而获得了内心的自由。一旦成为不完美主义者，你就不会再受到许多限制，也就可以更好地享受你那不完美的人生了。

亲和力与信任度

如果我不希望任何人喜欢我，我可以说：

> 我的作品是对英语最完美的呈现，我是全世界最优秀的作家。

听到别人自吹自擂，你心生反感十分正常。但我们为什么会有这样的反应，为什么不会想给对方一个拥抱呢？因为看到别人自称完美，你就会觉得对方不够坦诚，同时也会感觉你的自我价值受到了威胁。这会让我们想到自己的不完美。不过，我希望你在读完这本书以后，不会再介意自己不完美的事实。

相反，如果听了我下面这段话，你又会做何反应？

我会尽量向你传递让你的生活更有价值的信息。为完成这部作品，我做了大量研究，付出了许多心血，希望它不会令你失望。

与第一个例子相比，这次你不再想揍我一拳了吧？因为这段话十分坦诚，承认了我自身的不完美。如果你姿态谦卑，不假装完美，你的亲和力就会大大增加。

我想问你一个有意思的问题：基于上述两段作品介绍，你会更信任哪位作者呢？逻辑上讲，自称"完美"的作者似乎应该呈现更好的作品，但是大多数人却更愿意信任第二位作者，认为第一个家伙一定在虚张声势。所以，每次我们想要表现完美，却往往会适得其反，这真的很有讽刺意味。

回顾历史，这种一目了然的过度补偿（overcompensation）总会给人虚伪、狡诈的印象。你可能知道"蛇油推销员"[1]这个典故，它

---

[1] 19世纪，在美国的中国劳工曾用水蛇油来治疗关节疼痛，令美国本土商人看到了商机。但因美国缺乏特定种类的水蛇，生产商便采用其他油脂代替，产品几乎没有药效。此后，"蛇油"便被用来指代假药或包治百病的所谓灵药。——编者注

似乎已经成为骗子的代名词。如果今天有人要卖你真的蛇油，你也很可能会拒绝，因为你已经把它与欺骗联系到了一起。事实上，中国产水蛇油含有 20% 的二十碳五烯酸（EPA），这是对人体有益的两种 Omega-3 脂肪酸中的一种。三文鱼一直以 EPA（及 DHA）的高含量而著称，但其实中国产水蛇油中 EPA 的含量比三文鱼的还要高。

研究表明，Omega-3 脂肪酸对身体有许多好处，所以中国产水蛇油确实有一定的价值，但它的名声已经被推销员夸张的把戏彻底玷污了。他们会说，蛇油包治百病，还会在围观群众中安插所谓"满意顾客"。再加上还有人会将蛇油稀释后出售，或售卖根本不含水蛇油的产品，所以人们最本能的反应就是对推销员（和蛇油本身）表示质疑。

过度补偿会给人一种在隐藏什么的心理暗示，所以我们更应该在想要呈现完美形象时有所收敛。

真诚地探讨努力过程而非完美目标会让我们更有亲和力，有益于人际交往。请记住这句话：探讨努力，而非完美。你完全可以将它们作为你的人生座右铭，同时它也是针对完美主义的一个总体对策。如果你正在为自己的完美主义和拖延症纠结，那请你勇敢地做出尝试，看会得到什么结果。

人们更容易信任他们有更多接触的事物，而他们更愿意接触那些会做出不完美的事的不完美的人。你是否发现最受欢迎的演讲者往往都是那些谦逊的人？优秀的演讲者从不会自吹自擂，相反，他们总是喜欢讲一些自嘲的笑话，要想与人打成一片，这样做才是明智之举。

诚然，自我吹捧也可能打动听众，但前提是他们已经在感性层面接受了你（否则，他们只会讨厌你）。而如果在他人赞美你的成就时，你却主动表示谦虚，人们会更受打动。也正因如此，一般情况下，在演讲者出场前，都有其他人负责将其成就介绍给听众。如果演讲者上场宣布自己有多伟大，听众恐怕会更想离场。

谦逊带来的心理效果与蛇油推销员的正好相反：一个人在伟大成就面前表现低调，看起来会更伟大，因为旁人会认为他们见过大场面，根本不用靠自我抬举的方式感受自己的价值。

如果你想更受欢迎，就千万不要表现出一副完美的模样。接受自己的缺点，不要做表面功夫。其实与人相处非常简单：不完美才能让更多的人喜欢你。

追求不完美主义的过程

要想成为不完美主义者，你需要经历好几个步骤，而且每个阶段都有可能再次被完美主义乘虚而入。以下是成功转变为不完美主义者所要经历的全部阶段。

1. 不完美的思维
2. 不完美的决定
3. 不完美的行动

4. 不完美的改变

5. 不完美的成功

接下来，我将用自己的例子一步一步告诉你，完美主义会从什么角度捣乱，试图让我与每个阶段中生命的美好失之交臂。

1. **不完美的思维**：我是否可以开始写博客？

缺点：很少有博客能盈利，而我需要的是工作，博客会浪费很多时间。

2. **不完美的决定**：虽然有顾虑，我还是决定马上开一个博客。

缺点：不知从何开始，我完全没有经验。

3. **不完美的行动**：我知道第一步该做什么，于是注册了deepexistence.com。如今，我已经明白该如何安装 WordPress，如何推出一个主题，如何撰写及发布帖子，可谓大功告成。接下来，我将再写几篇客座文章吸引流量，想想都兴奋！

缺点：这是一个耗时良久的学习过程，主题我就已经改了几十遍，最初写的帖子也着实不够完美。

此时此刻，只要你采取行动，你体内住着的那个完美主义者就会越来越安静。因为比起完美主义者的多虑，现实情况要好得多。你可能确实会遇到担心的问题，但待你身处其中后，你会惊喜地发现那些缺点没什么大不了的。

4. **不完美的改变**：我开了博客，但谈不上成功。努力了两年，我也只累积了 440 位注册用户，同时期的博主中很多人的成绩都比我好。对整个博客的设计，我也不太有把握：我的定位是否太过宽泛。当然，除此之外，还有许多其他问题。

不过，我并没有放弃，而是在所学知识的基础上做出了改变。我再一次修改了主题，缩小了内容范围（只讨论专注力及习惯养成的话题），增加了投稿量，改变了客座文章的写作策略。

缺点：表面上我是失败了，毕竟我的博客没有赢得很好的反响。

5. 不完美的成功：如今，我过上了理想的生活。我的博客并不能带来直接收入，但我可以利用这个平台展示我的书籍与课程，这确实会带给我经济效益。更令我开心的是，我的作品能够帮助他人，这也成了生活给我最大的回馈。

因为开了博客，我成了更优秀的写作者、营销者、研究者、策划人与编辑。我觉得我的《微习惯》能成为畅销书，要全部归功于撰写博客带给我的进步。多亏有了这些改变，我才得以后来居上，成功拥有了9400位会员。

但这一切确实需要时间，我曾经先后六次打过退堂鼓，整个过程中也遇到了许多不完美的情况。我似乎在每个阶段都有理由放弃，因为每个阶段都存在不完美。即便是现在，一切仍不完美，但是很美好，我会继续坚持。

如果仔细审视人的一生，你也会看到这种情况。从来就没有所谓完美的计划或环节，人生注定要遇到各种问题。事先计划的确是有用的，但随机应变、伺机而动同样重要。你必须知道，由于自身、环境和他人的原因，你的人生必将持续不完美。

这就是追求不完美的过程，但如何培养不完美主义的思维模式呢？那会是怎样一种心态？接下来我们来看看这个问题。

如何做一个不完美主义者

我们已经讨论过人为什么会追求完美、完美主义对我们有何影响以及为什么做个不完美主义者会让我们更幸福。我希望此时的你已经对不完美主义产生了好感，因为在接下来的部分，我们将探讨如何成为一个不完美主义者。首先，我们先来讨论一下不完美主义的核心，它将以各种表现形式发挥作用。

完美主义存在于多种层面上，因此我们应该先从整体观点入手，然后再具体介绍各种对策。完美主义可能体现在你的整体思维模式中，也可能体现在你某方面的具体表现中，比如，你有认同需求或对过去的事纠结不放。

不完美主义的杠杆

所谓杠杆，是指"一根在力的作用下可绕固定点转动的硬棒，对一端施压，另一端就可撬动重物或固定的东西"。借助杠杆，你就能更轻松地撬起重物。我接下来要与你分享的不完美主义观点就是如此，它也像杠杆一样，比起使用蛮力，设定更符合实际的标准的不完美主义策略实行起来更轻松。这也是不完美主义思维的核心。

核心：奉行完美主义还是不完美主义，主要取决于你真正关心的是什么。 下表列出了一个不完美主义者会更在意（和更不在意的事物，如果你愿意听取我的建议，你的人生会更加幸福。

● 不那么在意结果，更在意过程。

● 不那么在意问题本身，更在意在有问题存在的情况下能取得的进展。如果有些问题必须解决，那就关注具体的解决办法。

● 不那么在意别人对你的看法，更在意你想成为什么样的人，成就什么样的事。

● 不那么在意行动正确与否，更在意是否在行动。

● 不那么在意失败，更关注成功。

● 不那么在意所谓时机，更在意任务本身。

总体来说，不完美主义背后的逻辑是：不那么在意条件和结果，而关心眼前具体怎么做才能掌控自己的身份与人生，积极前行。请认真思考我下面的话。

有社交恐惧的人比任何人都更在意社会交往。正是由于太在乎自己能否在社交场合应对自如，他们索性选择逃避面对这些场合。每次身处社交场合，他们都表现得极不自然，因为他们担心的事情太多了：我会遇到什么情况，我与他人的交流是否顺畅愉快，交流过程中会不会出差错，等等。

精神抑郁的人比任何人都在意如何消除消极念头。有一天，列夫·托尔斯泰的哥哥让他坐在墙角，直到他不再想着一头白熊。过了大半天，托尔斯泰还坐在墙角，虽然知道自己不应该再想白熊的事，但他却无法控制自己的大脑。后来的许多研究都复制了这个实验，结果也都惊人地相似：越不想去思考一件事或越想消除一个念头,那件事或那个念头就越会反复出现并持续更久。针对这些症状的解决办法就是接受消极想法的存在,但不要在意它们。凯利·麦格尼格尔(Kelly McGonigal)在《自控力》(The Willpower Instinct)一书中表示,"研究表明,你越想遏制消极想法,就越容易精神抑郁"。

那些一考试就紧张的人比曾经追求完美的我更在乎考试结果,然而紧张的情绪会影响他们运用平时学到的知识回答问题的水平。

说到紧张,我又想起一件事。我原本一直是个心态健康、情绪冷静的人,一天上午,我突然被蜘蛛咬了,而接下来一系列可怕的连锁反应让我跑了三次急诊室。这还不算,从那以后,我就开始胡思乱想了。我开始过分关注自己的身体感受,在身上寻找大病的征兆。从那以后,我就陷入了焦虑,不仅仅是对身体,对生活中其他方面也是。严重的时候,我会蜷缩在床头浑身发抖,毫无理由地焦虑,对自己的焦虑而焦虑。

而如今的我却像海中摇曳的水母一样平静,因为多年之后,我终于学会了无视心头莫名泛起的焦虑。我学会了忽视自己终日处于紧张状态这一事实,我知道发生了什么,但学会了不在乎。正是这种漠然的心态救了我。

"不再为任何事担心"是一条危险的建议,但你如果能把不在意的态度用对地方,绝对可以让你的生活发生质的改善。上面的列表显示了这种态度如何应用才是正确的,请回头再读一遍。

这就是我们努力的方向。问题不仅仅是在不在乎,在乎的程度也很重要：不完美主义是指对某些事情不那么在乎，因为只有当你不那么在乎时，你才能在这一领域更放松。而只有更放松，你才不会产生严重的焦虑和分心，你的大脑才能保持清醒和专注，你才能集中更多精力来解决问题。

接下来，我们会针对完美主义的五个关键表现形式来逐一探讨相应的解决办法。你完全不必担心对策太多记不住，因为在最后一章，我们会对所有的对策加以总结，将其"迷你化"（设定可行的微习惯），使其成为一套应用指南。

IMPERFECT-IONIST

第 5 章

过高期待

你如果能把期待降低到最低,便会对拥有的一切心存感激。

——斯蒂芬·霍金(Stephen Hawking)

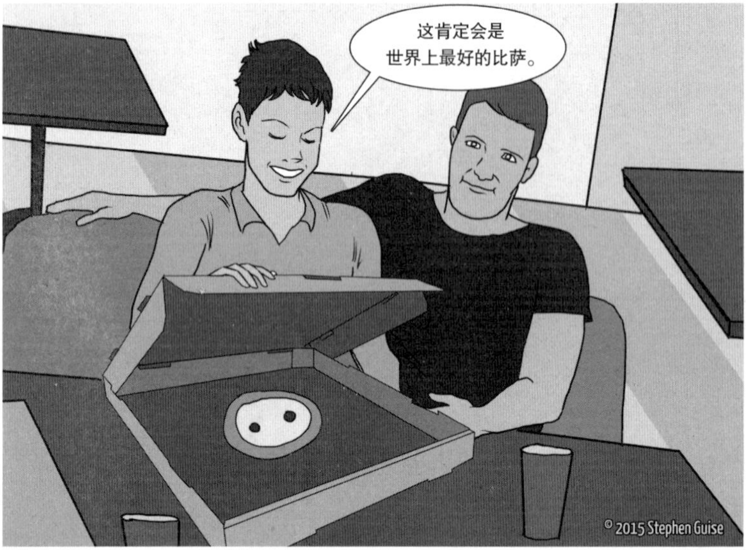
这肯定会是
世界上最好的比萨。
© 2015 Stephen Guise

情绪与期待

完美主义和不完美主义都对情绪有着强烈的影响。完美主义会让人产生负罪感，感到焦虑、自卑、缺乏自信、易怒。相反，不完美主义却会令人感到满足、幸福、开心、平静，产生符合实际的自我价值感。

相较之下，孰好孰坏不言自明，但上面的结论是如何得出的呢？

我们的情绪很大程度上来源于我们的预期。总体来说，如果事情达到或超出了预期，你就会有积极的情绪，否则就会有消极的情绪。道理就是这么简单。

根据心理学家查尔斯·S. 卡弗（Charles S. Carver）和迈克尔·F. 施尔（Michael F. Scheier）提出的"自我调节控制模式"，"情绪取决于行为和结果是否达到自我设定的目标以及达到的水平"。而期待基本上可算是弱化的目标，这样看来，这一理论也可以用于分析心理期待。一笔意外的奖金会令人开怀，而一张超出预期的账单则会给人以困扰。

完美主义非常容易造成精神抑郁，甚至导致自杀，因为与完美的期待相比，现实是一场灾难。许多人虽然想要改变自己的情绪，让自己开心起来，但就如我们之前讨论的那样，情绪很难被直接改变。要想让自己变得更乐观，你需要做的不是直接改变情绪，而是改变引发情绪的那些因素，那才是明智之举。

最有效的办法是针对最开始的环节找出解决办法，比如，要想少吃饼干，最好的做法是根本不买，而不是在家里存满饼干后靠自己的意志力来解决问题。同理，**要想改变自己的情绪，最好的做法是改变自己内心的期待，因为它是决定情绪的先导因素。**

期待是无形的，本质上也没有实际意义，它就像实时变化的计量表，时刻告诉我们事情应该如何发展。所谓期待，可以是精确的，也可以是灵活的（例如，可以期待自己得 18 分，也可以期待自己的得分在 15 到 25 分之间）。当现实超出了最高预期，我们就会感到愉悦，但如果现实连最低预期都达不到，我们就会崩溃。我们失望和欣喜的程度与我们最初的期待密切相关，下面这个例子就可以告诉你期待蕴含的力量以及对你情绪的决定性影响。

首先，金钱会让人开心，但研究表明，随着时间的流逝，金钱的影响力会减弱。原因就是，随着金钱增加，人们的期待也会增加，会期待挣更多钱。如果你期待今天挣 10 美元，而实际拿到了 100 美元，那你就会欣喜若狂。但如果有人期待自己一天能挣 1000 美元，而只拿到 100 美元，那他们自然会灰心失望。所以你会发现，两个人虽然都挣了 100 美元，但情绪反应却截然不同。

总体期待和具体期待

好吧，其实问题并不简单。人们的期待有两种——总体期待和具体期待。如果你想了解最关键的信息，我现在就可以告诉你：**最好的组合是你的总体期待很高（如自信）但具体期待很低（如适应力和做具体事的信心）。**

总体期待是你对自己的大致预期，是你人生的天花板。如果你精神抑郁，你的总体期待就会很低；如果你乐观向上，你的总体期待就会很高。简单来说，总体期待高代表你是乐观的，但这并不适用于某种具体情况和事件。总体期待太低之所以是个问题，不是因为它设置了一个你无法超越的目标，而是因为它让你发展出了根本不愿尝试的心态。

针对我们每天遭遇的各种情况，如人际交往、工作、开车和运动等各个方面，我们也会产生各种具体期待。如果你要出席一个宴会，你就会产生一些关于社交的具体预期，这正是问题的症结所在：完美主义绝对堪称宴会最大的破坏者。

那些被完美主义困扰的人，总体期待、信心和自尊心普遍较低，因为他们那些过高的具体期待很少能得到满足。比如，作为社交完美主义者，他们的社交标准很可能是像詹姆斯·邦德系列电影中那样的，他们希望每次交流都能无比顺畅、自如……还有完美。因为他们很少（甚至从未）达到过具体标准，这自然就降低了他们的自信心和总体期待。

长此以往，就会形成一个恶性循环，因为每次与别人交流时（甚至在开口之前），他们的内心期待都会瞬间崩塌。一张嘴，要么内容欠妥，要么表达有误，要么喋喋不休，要么沉默到尴尬，要么话题无聊,要么紧张到出汗,要么自己慌乱,要么对方焦虑,要么眼神接触不自然,要么过度关注对方的小毛病。

这个例子告诉我们,过低的总体期待和过高的具体期待会联手将你击垮。具体期待太高,无法实现,会导致总体期待降低,一切便进入了恶性循环。但是如果反过来,当一个社交完美主义者转而选择提高总体期待,降低具体期待,又将面临怎样的情况呢?

如果一个人的总体期待高,意味着他相信自己的生活会好事连连。但是他们对社交的具体期待低,也就是说他们预想到将有许多问题发生,也欣然接受任何社交情景都可能不尽如人意的事实。

想象一下,如果这个人在跟别人说话时不小心打了个嗝,他们会说句"抱歉",笑起来,并继续与对方谈话。这个"可怕事件"提供了一个笑料,反而会让谈话的氛围更轻松。而周围的人看到这个人应对尴尬场面的轻松态度后,自然也会跟着放松下来。一个充斥着不完美情况的夜晚结束时,不完美主义者玩得很开心,他们的总体期待也相应得到了提升。他们并非有多擅长社交,只是有效地降低了自己的具体期待,尽量避免将自己的希望寄托于某个时刻、某次对话甚至是这整个晚上。

你看到两种情况的差别了吗?对个别事件降低期待,甚至将期待值降低到零,你的自信就会提升,因为即便出现任何问题或失误,你都可以处变不惊。当有问题发生,你一如既往稳定的信心会成为你的精神支柱。你绝不会成为风中飘零的树叶,不会稍有风吹草动就偏离正轨。

对社交有更高期待的人反倒付出和收获更少，听上去很可笑吧？造成这种结果的原因就是，他们期待在一个与不完美的人打交道的不完美的世界里做到完美。把完美主义者置于地球上，无异于将钾放在水中，是要爆炸的。

不完美主义并非人为制造的假象，并非仅为哄你开心的伎俩。请记住，不完美主义的对立面是荒唐、不切实际的完美主义。认为可以做到完美的想法，完全与人类的逻辑、历史经验和每个人的经历相悖。

关于具体和总体期待对自信的影响，社交只是其中的一个例子，这种影响遍及生活各处：找工作、参加面试、搞创作、参加体育竞赛都是如此。当你对任何具体事件有无法实现的过高期待时，你的自信和对未来的展望会遭到破坏。**如果我们能对自己有总体的自信，不把信心寄托在任何个体事件上，我们就会变成生活中的常胜者，更好地享受生活。**

知足常乐

1994年，涅槃乐队主唱科特·柯本（Kurt Cobain）自杀身亡。临走前，他留下一封遗书，其中的两句说明他深受完美主义之苦。

> 有时候，我觉得自己在每次登台前都该打卡。我已经在能力范围内尽力去喜爱这一切了（我的确喜爱它，上帝，相信我，

我喜爱它,但我真的感觉还不够)。

柯本的确喜爱在台上演出,但是他自己感觉还不够爱。我在了解柯本更多的故事后,发现他是一个深度完美主义者。他最主要的问题就是不切实际的期待,其中包括对"足够"的理解。

永不满足

完美主义者通常拥有强烈的"永不满足"的偏见。我希望在你读到这里时,我能让你给"满足"下一个新定义。接受你的人生,它就是不够完美,你要想的不是"永不满足",而是"这就够了"。

知足常乐并非一个被动状态,它是个人成长的最高标准:心无旁骛、欲望纯粹地做一些对你自己或世界有益的事。学会满足甚至可以让我们避免陷入束手无策、被动反应的境地。

如果我们总是对人生不满,就会无法前进。白天时间不够,晚上睡眠不足,今天上午我表现得不好,我的钱不够多,我(因为无数可能原因)不够优秀。

然而,事实上,我们完全可以和我们的局限、瑕疵之处以及不断流逝的岁月和解。即使在恶劣的环境下,只要多想正面的事,你就能感到心满意足。你还在呼吸吗?还有人爱你吗?你的猫咪可爱吗?你总是可以找到一些令人满意的地方,而且你也需要这么做。

只有你自己能决定是否对自己的生活满意。社会上很多事都会并且都在影响你对满足的感知,但这些情绪只是一种影响,并非最终结果。请从今天开始接受知足常乐的心态，享受这种心态带给你的自由和快乐。

说到不满足，它也可能带来积极的改变，因为你如果对现状不满，通常就会想办法改变。那你该如何在知足常乐的重要心态和不知满足提供的动力之间取得一种平衡呢？

还能更好 vs. 永不满足

所谓"足够"并不是指具体数量，而是代表了对数量（偶尔对质量）感到满足的心态。

总有不切实际期待的完美主义者，会经常感到永不满足。不满足的心态本来可以转变成一种动力，让你变得更好，收获更多，但是如果这种感觉太过强烈，就会彻底抹杀所谓动力。完美主义者就像一个瘾君子，时刻想要多吸一次毒，多赌一把钱，多喝一杯酒，多抽一口烟。这种永不满足的心态会加重痛苦的情绪，不管做了多少，完美主义者都不允许自己有心满意足的感觉。

与之相较，"还能更好"的心态显得更加积极。这种心态同样说明你对现状不满，却是出于一种健康的心理：你今天的引体向上做的次数还不够；你还应该再写 200 字书稿；你决心早点办完纳税手续。这种"还能更好"的心态是一种健康的动力，可以帮助你成长。

这两种心态的区别在于，"还能更好"意味着你认为有一个终点。"永不满足"像一只永动的机械兔子，猎狗无论如何也追不上；"还能更好"意味着只要努力，我们就可以逮到那只兔子，这会让我们获得回报，感到满足。我特别想知道，两种如此相近的说法，为何会有截然相反的来源、意义以及影响。

"永不满足"的根源是一种宏观上的不满、不适及无望感。这种心态意味着不论做什么，你都无法得到内心的满足，因为你看不到终点，也就永远不会有满足感——有的只是愧疚和遗憾。**完美主义者永远在自己的生活中寻找满足感，然而他们所谓的满足只存在于自己的想象中。**

相反，"还能更好"的心态则源于兴奋、强大和愉悦感，对了，甚至还包括满足。它暗含的意思是，你的需求某种程度上已经得到满足了，只是你还想得到更多，而只要你肯努力，更大的满足感便触手可及。当你感觉自己"还能更好"时，你会继续努力，却并不是出于责任心或负罪感。

如果你是一个完美主义者，请仔细对比二者的差别，学会在你的生活中有效区分。扪心自问，你看待事物的心态是"永不满足"还是"还能更好"。最简单的区分办法是判断它带给了你怎样的情绪。伴随"永不满足"的是焦虑、挫败和无望，而伴随"还能更好"的是热情、兴奋和希望。

如果你无法明确满足的标准，那你就容易陷入"永不满足"的心态。即使是对一个模糊的目标，比如写出一部优质作品，你也可能制定一套符合现实的标准，描述你希望中成品的样子。这是一种技能，可以通过练习来提升。你可以对自己在乎的领域多加留意，然后明确你判断是否足够的标准。微习惯是建立这种心态的一种有效途径。如果你认为每天从菜园拔掉一株野草就够了，那你很快就会发现自己的感觉是"还能更好"，每天拔掉更多的草。

降低行动标准

有过高期待的完美主义者总会等到条件完美后再去采取行动。他们如果要写书，就会等到有一定精力时再写。这是因为如果精力太差，他们会觉得自己的状态更适合看电视，在精力更充沛时才能去做一些需要更高主动性的事。他们还要求自己有足够的动力（也就是说，他们得产生想做这件事的欲望）。他们只会在理想的写作地点用喜欢的设备写作，此外身边还必须备有充足的咖啡和食物。那可能必须是个月圆之夜吧。

这样的人，根本写不出什么东西。

这样的心理一旦像黄油涂满面包一样扩散到生活的各个方面，便会扼杀很多可能性。他们无法接受不理想的条件，这简直大错特错。做事的关键在于迈出第一步去做的这个动作。

就是因为等待所谓完美时机，你错过了许多机会，所以你应该做出如下改变：**不管你想做什么——运动、写作、阅读、游泳、跳舞、唱歌、大笑——你都要降低行动标准。如果你愿意在"下水道"里做这件事，那么你在什么情况下都能做这件事。**

自从我把健身目标定为每天一个俯卧撑后，我健身的频率变得越来越高，可以选择的场合和地点也越来越多（我在床上、公共卫生间、酒吧、商店里都做过俯卧撑）。随着时间的推移，我的大脑与运动的关系发生了改变。运动不再是一件特殊的事，它成了我日常生活的一部分，可以随时随地完成。如今我已经把运动当成家常便饭，每周都要去好几次健身房。

上面最后一句话的含义非常关键，足以改变人生。如果生活中有什么事情对你很重要，你就应该致力于将其日常化——不要将其特殊化——因为习惯本身就是日常化的。任何事一旦成为习惯，就不再需要特殊的场合，甚至可能让你感觉无聊。设想那些希望每天坚持锻炼的人，他们把这件事视为高高在上的目标，每次做完30分钟的运动，他们都会感觉自己完成了一项壮举，这样的人真能坚持下去吗？相反，一种行为只有被日常化，我们才可能将其坚持下去。要想坚持一件事，必须将其培养为习惯。

创建一种行动目标是你完全可以自己掌控的选择。完美主义者面对的主要问题是，他们不去进行那些最该得到日常化的行为，却总试图通过各种其他改变摆脱完美主义，其结果必然令人大失所望。如果你要求自己每天做至少50个俯卧撑，那你就不可能在公共卫生间或你的床上完成这一任务。但如果你的目标是每天做1个俯卧撑，那你就可以在任何可能的场合完成目标。如果你能一整天贯彻这个概念，你就会发现自己多了更多进步的机会。

降低行动目标还可以让你更关注持久的变化。过高的目标需要更好的表现，因而会对你造成更大压力，促使你追求完美，让你总想寻找完美的机会以完美的方式完成任务。

降低行动目标在带给你自由的同时，也会带给你宝贵的自主性，而很多自我成长类建议都没有提到这个概念。经过一段时间，你就会意识到，有了自由和自信的你，比起高压目标及过高期待下的自己，会表现得更好。

换句话说，不切实际的期待也就是"过分关注结果"。接下来，我们讨论一下如何能从关注结果转向关注过程，为什么不完美主义者会聚焦于过程，而为什么"漠视结果"反而能戏剧性地成就更好的结果。

关注过程，看淡结果

取得结果的唯一方式就是完成相应的过程。无论你多么想要得到什么，都不可能跳过获取它的过程。不完美主义者大都不在意结果，因为一旦看淡了结果，过程本身便容易了许多。

当然，看淡结果，并不代表不去努力。不努力的原因是对整件事不上心，而看淡结果背后的逻辑是"我会尽最大努力，但结果就顺其自然了"。

这是面对人生的黄金心态，甚至可以说是一种"完美"的心态。有一种错误观点害人不浅：如果你不在意结果，那么你就不知道该怎么努力。结果和努力的关系就像动力与行动的关系一样，我们总是错误地认为要想实现乙，就必须做到甲，而我要告诉你的是，你完全可以忽略对结果的诉求，只要做得好，仍然可以得到预期的结果。

- 完美主义者把对良好结果的预期作为过程中的动力。
- 不完美主义者关注的是过程本身,至于结果,则是水到渠成的事。

看到不完美主义者的行动为什么更高效了吗?不完美主义者正视过程本身,而不是将其视为达成目的的手段。在人生中各个方面,最明智的做法始终是关注你能控制的部分,在这里是过程,而不是结果。事实上,关注过程本身其实就是关注结果!

关注结果不仅对促进努力毫无作用,反而会直接或间接导致各种形式的完美主义(过失担忧、行动顾虑、纠结不放)。它虽然有一定激励作用,但也无法抵消分心给你的努力带来的消极作用。

你无须关注的一些结果

"看淡结果"的一些具体做法如下。

- 淡化对分数的关注,从而提高自己的应试能力
- 淡化对遭到拒绝的担心,从而在社交场合更放松
- 淡化失误和不完美表现,从而更好地演讲
- 淡化对焦虑想法和情绪的在意(随它们去,不强行化解它们),从而减少焦虑
- 减少对消极想法的担忧,从而缓解抑郁
- 淡化对工作量(或质量)的关注,从而提高效率

要想把更多注意力放在过程中,最好的办法是养成微习惯。微

习惯本身就是在关注过程。如果你的目标只是回一封邮件，虽然结果小到不值一提，但可贵的是你开始了回邮件的过程，养成了回邮件的习惯。过程的意义不仅是实现结果，它还可以帮助我们克服恶劣环境的影响。

应对恶劣环境

环境从另一方面反映了不切实际的期待。你很可能发现自己身处的环境完全不在自己预料之内，你根本没有做好准备。遇到恶劣环境时，你会感觉自己束手无策，这也是导致抑郁、绝望和懒惰的一个主要原因。

要说面对恶劣环境，美国海军海豹突击队肯定是最有经验的了。马库斯·勒特雷尔（Marcus Luttrell）的经历为我们学会应对糟糕环境提供了宝贵经验。我记得自己仅仅用了两天就读完了马库斯的《唯一幸存者》(*Lone Survivor*)。这本书令我入了迷，我从晚上一直读到第二天早上6点多。这是一部记录了战争的残忍和恐怖的书，但更是充满勇气和力量，告诉了读者许多宝贵的人生经验，其中一个令我至今难忘。

在人们的印象里，海豹突击队成员都是体格健硕、擅长格斗的，这虽然没错，但身体素质并不是一个人能否通过考察的决定性因素。一位教官对马库斯说过，突击队残酷的训练并非一种体能测试，而是一种心理测试。他解释说，人的屈服都是从心理开始的。马库斯在书中讲述了他在魔鬼训练周的一个重要时刻。

> 我们在海边蹚着水跑步,气温越来越低,最后教官终于把我们叫上岸。可是没过一会儿,哨子又响了,我们又被勒令返回海滩,匍匐前进,浑身奇痒,酸痛难忍。五个人当即选择退出,被送到卡车上。对他们的退出,我内心充满不解,因为我们以前做过类似的训练,虽然不容易,但无论如何也到不了无法承受的程度。我猜那几个人只是想得太多了,担心魔鬼训练周接下来五天的训练会更加恐怖——那正是马奎尔队长特意交代我们不要去做的事。
>
> ——马库斯·勒特雷尔,美军在阿富汗"红翼行动"中的唯一幸存者

人在一生中无论做什么事都会遭遇阻力,困难可能会超出你能忍受的程度,条件和结果可能都不合你的心意。对马库斯来说,全世界最严酷的军事训练(海豹突击队的水中爆破基本训练)与五年后他在阿富汗的亲身经历相比算是小菜一碟,但我们必须要说,正是之前的训练锻炼了他的内心,让他学会只关注求生的过程。要知道,他经历的那种可怕境遇对大多数人来说都是无法承受的。

许多人是为了故事而读这样一本书的,我也如此,但我同时也对其中体现的人格成长充满好奇:像马库斯这样的海豹突击队员与我们这些普通人的最大区别是什么?而他和那些参加了水中爆破基本训练却最终选择退出的精英相比,区别又是什么?

归根结底,主要的区别在于你考虑的是环境还是过程。海豹突

击队员有着惊人的意志力，即便经历的是人间地狱般的折磨，他们也能把全部心思放在过程上。而魔鬼训练周中那些退出的精英，就像马库斯猜测的那样，很可能一直在担忧未来要经历什么，这让他们在到达忍耐的极限后败下阵来。

那些对环境过于在乎的人，一旦开始思考"我累了"，就会反复陷入这种想法无法自拔，过于关注疲惫这件事。这样一来，他们后续的行动无疑会受到环境的左右——无法积极应对，只有被动反应。相反，那些关注过程的人在执行任务时，即便意识到"我累了"，也会迅速把焦点转回执行任务的过程中来。

换句话说，关注环境的人关心的是问题而非解决办法，以至于他们总是被动地应付环境，而非积极地追求自己的目标。不过好在这样的人都是可以改变现状的。

成功者关注的是过程

无论做什么事，我们都要经历一段过程：找到工作，获得理想身材，出国旅行，以及在阿富汗的一场35对1的战役中幸存（当时马库斯一方只有4个人，力量对比悬殊）。

想象一下，你只有3名战友，而敌方的100多人正浩浩荡荡地从山顶下来。你们之间不仅人数相差悬殊，对方还占据有利地形，从高处兵分两路包抄你们。你们已经尽了全力，3名战友都牺牲了，周遭地势险峻，你数次跌倒，伤痕累累，疼痛难忍，一枚榴弹在你不远处落下，爆炸的弹片击中了你的腿部，你失去重心，向山下滚去。

这正是马库斯·勒特雷尔执行任务时的遭遇。让他在这种情况下存活的正是帮他完成突击队训练的那同一种方法——即关注求生的过程，思考下一步该做什么。海豹突击队的严酷训练教会了他，无论环境多艰苦、多无助，最好的办法就是决定下一步做什么，然后实施。

许多精英在水中爆破基本训练中途便选择退出，是因为他们脑中盘桓的都是身体上的痛苦，已经无法再考虑下一步具体该如何应对了。或者，他们始终无法停止对未来几天严酷训练的预期。关注环境的人不仅会关注当下的环境，还会对未来可能的境遇进行预判。如果你是马库斯，本来就已伤势严重，再想想未来几天自己可能的遭遇，你大概已经不想活了。

然而，马库斯却活了下来。他根据当时各项需求的轻重缓急，给自己安排了一系列任务。他在书中写到，在那次让他的战友全部牺牲、让他身负重伤的战役后，他给自己定的第一个任务就是找到水源。因为严重脱水，他把全部心思都放在寻找水源上，为此，他需要分析周边地形，思考哪里最可能有水。这样一来，他就没有精力再纠结于其他困难了。

对过程的关注如何战胜恶劣环境的影响

不管是对怎样恶劣的环境，你都能通过专注于某种过程而成功摆脱它的影响。比如，你的闹钟提醒你早上去健身，可是你特别累，完全没有动力,这时候,两种人就会表现出两种截然不同的反应。

关注环境者:我为什么要计划今早锻炼呢?我太累了,真想再休息一天。我浑身酸痛,眼睛都睁不开,怎么可能举得动杠铃呢?不可能,要不我再躺几分钟。(结果一睡就是几个小时)

关注过程者:(半梦半醒之间)我只需要翻一个身,到床那边。(扑通一声掉下床)哎哟!好了,现在我只需要走或者爬两步,去把闹钟关了。为了避免迷迷糊糊地把闹钟关掉,昨晚我特意将它放在远一点的地方。

关注过程者在起床时并不会考虑健身的事,因为过程还没有进行到那一步。再难的过程,只要分解成一步一步去看,难度就会降低;相反,如果看得太长远,人们则会望而却步。这并不是说关注过程者从来不会考虑苛刻的环境,只是他们会对自己说:"确实不好办,但我还是想一步一步做下去,看最终会怎样。"你一旦最终到了健身房(或者其他目的地)并开始了训练,你就会惊喜地发现自己最初找到的关于环境借口是站不住脚的。

关注过程,是改变环境的最好办法。

改变认识

我们已经从两方面分析了不切实际的期待。

- 环境就是当下的条件(行动前)
- 结果就是对未来的预期(行动后)

最好的情况是,我们对以上两点都置之不理,因为不管在乎哪一个，我们都会削弱自己的行动力，原因如下。

- 我们会把当下环境作为不作为的借口：我没办法跑两千米，因为我实在太累了。
- 我们会担心结果不够好（另一种借口）：跑步太难受了，我又跑不了多远，根本不会起到实质性的锻炼作用。

不论是担心眼下的环境还是未来的结果，你都是在给自己的不作为找借口，这太容易了。要想实现内心的自由，你就要无视当下的环境及可能的结果。相反，你要做的是关注过程本身。一旦把心思放到过程上，你就降低了对未来的期待，也就不会让它们成为你行动的绊脚石了。

IMPERFECT-IONIST

第 6 章

纠结不放

对过去纠结不放,表面上看似乎对你有所帮助,但实际上,因为毫无作为,你并没有为事情的解决做出任何实质性行动。

——卡拉·格雷森(Carla Grayson)

怎么了？
棉花糖掉了，
加里想去捡，
结果靠火太近了。

按下此键，
启动自动喷洒
灭火器
唉，我就不应该去管
那块棉花糖，也不该在
头上抹那么多发胶。
© 2015 Stephen Guise

纠结者的错误认识

纠结不放也是完美主义的一种表现。纠结者总是过分关注自身的问题及/或引发问题的原因,并经常对自己过去的表现感到自责。研究发现,纠结不放的行为与社交方面的完美主义有着密切关系,即希望他人眼中的自己呈现最完美的状态。心理学家称之为一种"适应不良特质"——对人生挑战的错误应对。

纠结者(的思想和行动印证了他们)总是抱有以下想法。

1. 要想解决问题,就得关注问题本身。

2. 他人对自己抱有很高的期待。

3. 自己的身份完全取决于自身表现好坏(而非行动和本性)。

4. 任何偶发的消极结果都是个人失败的证明。

5. 希望回到过去(这些人对过去耿耿于怀,希望能穿越回去,做出改变)。

要想摆脱纠结不放的坏习惯,我们先得解决上述错误想法。在这一部分,我们会探讨如何通过一系列做法来改变纠结不放的心态:接受沉没成本,了解意外与失败的区别,修正错误的自我对话方式,对纠结的问题采取具体行动。

从接受现实到采取行动

1985年,任天堂发布了一款新的电动游戏——《超级马里奥》,并由其衍生出很多款游戏及周边产品。可以说,这款游戏不仅为公司创造了几亿美元的净利润,也让其中的角色马里奥成为史上收入最高的水管工。大部分人对这个游戏的了解是,这是一款卡带游戏,玩家的任务是通过上下左右移动光标以绕过障碍物和踩踏敌人,从而通过关卡。

在这款游戏的大部分关卡,你都可以按照自己的节奏前进,也可以往回走,但是有几关是自动朝前滚动的。在这种情况下,你如果不主动前进,就会被逼到屏幕边缘,继而跌落或撞上水管身亡。我想说,我们的人生更像是第二种自动滚动的方式,也就是说,你如果始终纠结于过去踯躅不前,就会遇到大麻烦。

通常情况下,我们会对两种事情纠结不放——可以修复的和不可修复的。

纠结不可修复的损失:接受现实才是唯一的解决之道

所谓沉没成本,就是那些已经无法改变的伤害、代价或不幸。对待它们最理性的办法就是,不管它们的影响有多可怕,你都要接受它们。什么时候算是真正接受了沉没成本?当你不再对其耿耿于怀的时候。

我曾经在博客上为我的"微习惯大师"(Mini Habit Mastery)

视频课程打广告，成本花了 250 美元，结果只收回了 50 美元，剩下的损失就是沉没成本（好在还可以抵税）。

停止纠结损失的广告费其实并不难。我们纠结的某事也许是悲剧的，而悲剧的罪魁祸首可能正是纠结者自身。但到了某种时候，我们必须明白，事情一旦发生，无论怎么愧疚、悔恨、纠结，都已无法挽回。时间不可能停滞不前，更不会倒退，所以我们别无选择，只能继续前进。否则，那伤人的过往将会永远把我们裹挟在痛苦之中，让本已终止的伤害延续下去。

放下过去、继续前进并不是对那些你曾经伤害的人的不敬，因为纠结不放并不能解决任何问题，也不能弥补任何过错。自我惩罚并不能弥补你犯下的错误，或改变已经发生的事实。**纠结不放是一种绝望而无谓的挣扎。你的反思并不能改变过去，只能让你进一步自我否定，而接受现实才是当前困境的解决方法。**

所谓接受现实，意味着你要忍受全部痛苦。如果事态严重，必然会造成伤害。但你只要接受了现实，就给了自己一条可以继续前进的生路。你要接受人性存在弱点的事实，这一点至关重要，你可以犯错误——哪怕是可怕的错误——因为你就是个普通人。

至于究竟哪些过失可以接受，每个人心中都有自己的标准。偶尔打破一个杯子，我们完全能够接受，但如果是不小心开车撞到行人呢？我知道第二个例子很是极端，大多数人一辈子也不会经历，但对任何开车的人来说，这毕竟是一种可能。我个人觉得，这种事对大多数人来说都已经超出了"可以接受的过失"的界限。在这种情况下，当事人要做的是与一个不可饶恕的过失和解，原谅自己。自我原谅是更好的选择，但具体该怎么做呢？

如果你犯下了不可饶恕的错误，你必须扩大之前划定的"可以接受的过失"的边界。

在犯错之前就给自己划定一个容忍边界并不是一件好事。换句话说，不论你犯下什么错，你都得原谅自己，再给自己一次机会，否则你便需要平衡自己的错误和对这一错误的低容忍度，这种不兼容会让你崩溃。（就像让计算机去处理除数为零的计算一样，你的大脑根本不知道该如何解决出现的问题。）

只有接受了现实，你才可能放下顾虑，认真寻找出路。当然，"接受现实"这句话说起来容易做起来难，你只有经历过才能有所感受。有些事接受起来可能更难一些，但我相信，只要每天坚持有意识地提醒自己过去已无法改变，你就会加快看开的过程。

纠结可以修复的过失：接受现实，重新来过

如果你把摩托车撞坏了，知道有人能修好它（以及你那骨折的胳膊），你只需花时间和钱就可以把问题解决，之后便可以重新全速前进。如果你向老板提交了一份报告，她说"这简直是我看过的最糟糕的提案"，你可以听听她的意见，重新修改后再交一份。人类纠结的几乎所有问题都能找到解决答案。

假设说，我此刻正在纠结如何把这句话写得更漂亮。我的做法是，可以把它放下，先写下面一句，这样，我暂时不纠结于我写得不好的那句话，而可以把精力用来思考同样写得不怎么样的第二句话。以此类推，我会一直这样跳过，直到写出自己满意的一句为止。这样做的好处是，此时此刻的我是有产出的，并没有纠结于之前写得不好的语句，停滞不前。

我们其实有超级强大的选择能力，但在纠结不放时却放弃了这种能力。纠结的杀伤力极大，但很容易成为一种习惯。解决办法就是继续尝试、练习、改进，这样下去，随着时间的积累，你就会发现自己纠结于那些可以修复的错误的做法是多么愚蠢。

针对纠结的毛病，最关键的解决办法就是把注意力引导到更有意义的地方去。如果过失不可修复，那就把注意力转移到更有兴趣的地方；如果过失可以修复，那就对自己纠结的事情采取新的行动。但是，我们如何能培养出毅力，在犯错或失败后继续坚持努力呢？我相信那些容易因失败丧失信心的人特别需要了解这部分内容。

分清意外与失败

如果你能够稍微改变一下自己对失败的理解，你的人生就会好过很多，至少我的情况是如此。纠结者——甚至可以说所有人——常常混淆意外与失败这两种情况。如果你能分清二者，你对过往的纠结就能立即、显著地减少。

简言之，意外的结果不能被视为失败。如果严格按照词义分析，一次意外的结果可能也相当于一次"失败"（即不成功的结果），这样说也无妨。但问题是,大部分人都把失败看成自身表现欠佳造成的过失或行为缺陷。这样一来,失败的外延就远远超出了它"未能成功的行动"的基本含义。要知道,我们根本无法左右意外的结果,所以不应该将失败与意外画上等号。

关于失败的统计数据

诺贝尔奖获得者、心理学家丹尼尔·卡内曼(Daniel Kahneman)做过几项相关的研究,但结果却是矛盾的,这令他感到困惑。虽然他从各个角度对数据进行了分析,但他无法理解矛盾之处。

最后,他意识到自己犯了个错误,因为样本太小,结果不具有参考价值。他虽然精通数据统计,但还是按照传统、凭借直觉(而非数据统计的原则)选取了小样本作为自己的研究对象。他想知道自己所犯的错误是否具有普遍性,于是便对另两位撰写过统计专业教科书的著名统计学家进行了类似测试。

没想到两位统计学家也犯了相同的错误。

这样的错误我们每个人都会犯。我们常常忘记从统计的角度审视失败。

想象一下,一位男士向一位陌生人问路,而对方却把他挤到一边,一言不发地径直离去。在接下来的一个星期,这位男士在另外两个人那里也遭受了同样的冷遇,一连三次被拒,对此他该如何解读呢?

要么是陌生人都不太友好,要么是别人都不喜欢我,他想。那么我恐怕又要提到统计学了。世界上有70亿人口，他与其中三人打了交道，从统计角度看，即便是最招人喜欢的人在最友好的城市也可能碰到这种接连三次被拒的情况。如果他把自己的结论拿给一位统计学家解释，对方可能会这样说。

等等，哦。（窃笑）你说这世上有70亿人口，你基于三个人的样本就得出了如此确定的结论？哈哈哈！你统计出来标准差是多少？啊哈哈哈！天哪，再给我讲一个类似的笑话！"

——一位拥有本专业特有怪异幽默感的统计学家

意外与失败的区别

向陌生人问路有很大的偶然性，他们可能很忙或心不在焉，可能很友好或处于某种情绪下。找工作呢？也有很大的偶然性。请别人帮忙？也是如此。结果或许会受到你的行为与选择的影响，但绝不是你能够完全左右或掌控的。

正是因为这一点，持之以恒才成了"意外"最好的朋友，如果你能坚持从事某种结果由偶然因素决定的活动，很可能有朝一日就会成功。

对一个想要出版作品的写作者，统计学家会给出什么样的建议呢？他一定会说，把你的手稿投往各处，并一定要表现得充满自信。当然了，如果你的作品太差，投给谁也不可能发表（除非你的作品里有吸血鬼）。但是，如果你写得不错，甚至水平很高，那你投的出版社越多，出版的可能性就越大。有史以来销售速度最快的图书是《哈利·波特》的后四部，但要知道，它的第一部在出版以前先后遭到了12次拒绝。《哈利·波特》的最终成功告诉了我们一个道理，那就是，J.K. 罗琳本人并没有失败12次。

任何存在偶然因素的目标都是如此。也就是说，如果发生不幸，并且是偶然因素决定的，那么你就无权（更没有任何理由）认为这标志着你个人的失败。了解了这一点，对我们所有人来说都是一种解脱，我们再也不必纠结于以前曾经拒绝过我们的工作、异性、各种机会和奖励。只要谁会获奖，谁会加薪，谁的书会出版是由他人决定的，那就一定存在偶然性。你只要有了这种认识，就可以立即将那些曾经令你失望的偶然性结果抛诸脑后了。（不过最开始的时候，你还需不断提醒自己才能做到。）

失败与意外不同，失败对我们来说有非常重大的意义。
- 失败是托马斯·爱迪生成功发明灯泡之前无数次的曲折尝试。
- 失败是努力追求能力尚不可及的目标的必然结果。
- 失败是赤手触摸火炉而遭到烫伤的愚蠢行为。

与意外不同，失败是完全可以预知的结果。失败其实是件好事，我真心这样认为。失败甚至比意外更令人释然，因为失败的原因比意外更容易解读。如果你摸了10个不同物体的表面，却不知道是被哪个烫伤的，接下来哪怕摸的是塑料，你也会心有余悸。如果一件事你在任何条件下都做不好，这种情况就是失败。

意外和失败可能会有部分重合，因为如果你采用了错误的方法去碰运气，很可能每次都会遭遇失败。很多时候，很难判断到底是失败还是意外，所以你如果受到了挫折，需要问问原因。受挫后询问对方的反馈是需要勇气的，但是你如果能做到，就将受益匪浅，因为下次你就知道该如何改进了。

有时，一些陌生人会给我写邮件，请我帮忙。像许多收到大量邮件的人一样，我当下做出的决定就是拒绝，对方也就不会回复了。但是，如果他们再次发邮件给我，问我为什么不回复，甚至问我他们哪里做得不好，那么我就会告诉他们。如果你真心请求获得反馈，通常情况下，人们会愿意给你真诚的答复。

以下是一些实用的方法，你如果能学以致用，一定会过得更幸福。

- 如果有些事依赖偶然因素，一定要固执地坚持尝试。如果尝试一件由偶然因素决定的事不需要你付出任何代价，不会产生任何成本，你没有理由放弃。投稿一篇文章、邀请异性共进晚餐、申请梦想中的工作、和老板商讨加薪这些事都没有什么成本，但一旦成功，就会带给你很多好处，所以不必感到抱歉，请立即采取行动。一定要有行动力。

- 如果失败了，就换个方法重新来过。切实的失败和偶然导致的失败不同，可以让你吸取经验，避免重蹈覆辙（爱迪生那些失败的灯泡就是这个道理的最好证明）。

- 如果你怀疑某件事的消极结果属于意外和失败的结合，那你也不要放弃，这一次，你要根据失败成分的多少来调整做事的方法。

我之前曾经向一个非常知名的博客"身心健康"投过一篇文章，我写得非常用心，自我感觉也非常好，但是稿件投出后就石沉大海，甚至没得到一个明确的拒绝。之后我又投了一篇，还是没有动静。我又投了第三篇，我自认是我当时写得最好的文章了，结果还是没有收到任何回复。

看到他们还是会发表其他人的投稿，我认定这属于切实的失败。鉴于没有任何答复，我决定向一位稿件曾被录用的朋友请教，询问他的建议。后来写文章时，我不再一厢情愿地写自己认为重要的内容，而是对他们点击率最高的文章做了深入的研究，并选择了一个此前还无人触及的话题，写了一篇稿子。终于！我的第四篇投稿被采用了，之后，他们又接受了我几篇文章。

明确意外和失败之间的区别，对于达成人生目标而言至关重要。它能保护你免受被拒绝的伤痛，鼓励你坚持不懈，让你更为专业地适应生活中的风浪。

正确看待这一切，你就不会像以前那样纠结不放了。如果结果不尽如人意，你可能还是会感到沮丧，但你会很快看开，因为此时的你已经对下一步要做的事有了明确的想法，无论是尝试新方法，还是用旧方法重试一遍。

"应该"式自我对话

我们使用的语言也常常会影响我们纠结不放的频率和程度，所以要想摆脱这个问题，可以先从这个最容易"改进"的地方入手。

"应该"这个词特别危险，因为一旦用来指过去的事（"本应该"），就意味着你认为之前自己做错了，本应该用其他方式做的。这个词带有遗憾的意味。

"本应该"充满了罪恶感和羞耻感。纠结的人每次回顾往事或其后果，总是在想自己当时能如何做得更好，而往往忽视了自己已经做得很好的地方。

不过，你如果碰巧说了一句"我本该点一份奶酪来搭配这个贝果"，也不必过分解读。这里的"本应该"是没有任何害处的，所以根本不需要任何更改。再说，奶酪确实很美味。在此我要说的是，你自我对话的语境和语气很大程度上能揭示出你与自己相处的态度。

我在夏威夷的时候，有一次遇到一个流浪汉，他靠墙坐着，看上去需要帮助。我问他，需不需要我从附近小店给他买些吃的，他回答说他想吸烟。我差点就去给他买了，因为我确实想让他的那个晚上好过一些，只是不该以那种方式。于是我问他能不能要点儿别的，在坚持说只要烟后，他终于说来瓶激浪饮料也行（没比烟好到哪儿去）。

我给他买了苏打水和巧克力。当他发现我确实没给他买烟时，他皱起眉头激动地说："我可真蠢！一个不折不扣的蠢货！"想必，他是在恼火自己没能成功说服我给他买一包烟。他鄙视他自己。

你可能会觉得"与自己相处"这种说法有些奇怪，但人与自我的这种关系的确存在，你能从那个流浪汉对自己的粗暴辱骂中看到这一点。对一件事纠结不放时，你是在因为这件事对自己进行评判，就像你会对他人进行评判那样。即便你本人就是做出行动的人，每次纠结时，那个擅长分析的你就会跳出来批判，仿佛他／她是另一个人似的。纠结不放的人也能学会善待自己，不过他们首先要改变的是自我对话的方式。

如何改进自我对话方式

1. 寻求理解

要想改进糟糕的自我对话方式，可以采用那些旨在改善与他人不良关系的谈话技巧（毕竟，"自我关系"也是一种关系）。史蒂芬·科维（Stephen Covey）在他的《高效能人士的七个习惯》（*The 7 Habits of Highly Effective People*）中写道，"首先要寻求理解他人，之后才能被他人理解"。这条宝贵的建议不仅能改进你的人际关系，也能帮助你与自己内心那个纠结者达成和解。

具体做法：每次你要纠结一件事，就先给自己 30 秒的时间想一想你当时为什么会那么做。人做事时，总是会以对自己有利的方式去做。想想当时你的动机是什么，接受自己并非完人这一事实。如果此刻你对"之前的自己"有了充分的理解，那么你在评价自己之前的行为时就不会那么苛刻了（这就像减轻对他人批判的关键在于增强对他们的理解一样）。我们如果不花些时间认识自己，就很容易苛责自己。

对某些不良事物上瘾的人很容易谴责自己不够坚定，但是如果他们花些时间来了解成瘾的本质以及人性的脆弱，可能就会对自己多一分同情，少一分责备，这样才有可能走出因愧疚而再次上瘾的恶性循环。

2. 要说"可以"，而不是"应该"

如果你不小心锯掉了自己的手指，你可能会后悔自己没能更小心一点，或者是用一个更安全的工具。这样想很好，对你很有帮助。但纠结的最大问题在于时间。思考另一种做法可能带来的不同结果这件事本身是合理的，但是如果到了纠结的程度，原本的好处就会被浪费的时间以及反复出现的消极情绪抵消。

我们使用的语言与我们花多少时间反思过去有着不可分的关系。

我们完全可以用"本可以"的表达替代"本应该"，因为"可以"只是指出一种可能性。"应该"总是有一种确定和必须的感觉，而"可以"则代表着开放与自由。用开放的心态看待人生才是正确的选择，毕竟漫漫人生路，本就是柳暗花明的。

- 跳舞时，我本应该多跳一会儿 = 没有多跳是可耻的
- 跳舞时，我本可以多跳一会儿 = 我意识到自己当时可以多跳一会儿

如果非让我选出我人生的最大遗憾，我可能会说是读了大学，因为我个人觉得，大学对我来说没有什么用。但是读大学让我走上了一条成为今天的自己的道路，而我对今天的自己很满意。这么一想，我就没什么好遗憾的了，因此我不会说"我本不该去读大学的"。

比起"本应该","本可以"呈现的心态更为开放,因此也是个更好的选择,因为谁能准确预测我们的决定和发生在我们身上的事情未来会产生何种影响呢?断然说"本应该"或"本不该"是非常短视的做法。

大学毕业后找工作时,我在面试时犯了一些错误,可能正是它们让我失去了几个工作机会,但是正因如此,我才努力开创了自己的事业道路。要是放在以前,我可能会说,"面试时,我本不该那么说"。但是,如果我按照原来的计划,一毕业就找到工作,我高度怀疑自己还能否写出一本被译成十几种文字的书。

在大脑里标记出那些你认为"本应该做某事"的后悔时刻,每次发现自己纠结不放时,就重新审视它们,尝试着用"本可以"替代"本应该"。

活在当下

在前面关于接受现实的部分,我们讲了为什么采取行动是很重要的一步,接下来,我将提供一些具体的办法。

纠结者的最大问题在于他们不敢再次尝试。

● 面试惨败,便总是纠结自己在面试中的错误表现,而不是放下包袱继续前行,申请其他工作(甚至再次申请之前拒绝自己的公司)。

● 晚餐场合说错话,就不再继续聊天,缩进自己的壳,一门心思纠结自己本不该说的话，却不行动起来去补救过失。

● 曾经被女孩拒绝，于是就一直活在失败的阴影里，不再主动邀约，错过一个又一个机会（而后再为此懊恼）。

● 在运动受伤后便对自己的不幸耿耿于怀，没能第一时间去看医生，寻找康复的办法。

● 考试失败后只会郁闷，却不为下次更好表现而努力。

如果你一直为小事纠结，也会为大事纠结的，因为纠结不放已经成了你应对不幸的方式。它成了你习惯性的反应，而且还会愈演愈烈；严重时，你甚至会对几个星期、几个月甚至几年前发生的事耿耿于怀。

针对纠结这一问题，我们前面提到了一些解决办法：认清过去已无法挽回这一事实，了解意外和失败并没有多可怕，以及建立良性的自我对话方式。这些办法都可以帮助我们为采取下一步行动做好准备。这是一个完整的过程，无法一蹴而就。

如果你发觉自己又在为某事纠结，就请重新体验一下上述过程。你走完整个过程以后，就会发现接下来的步骤容易得多。比如，当你陷入纠结的怪圈，立刻放下过去、专注现在并非易事；但如果你先做到接受现实，对意外和失败进行分析，并调整了自我对话的方式，就更容易达成这个目标。

一旦你已经通过上述步骤做到对纠结的事情释然，那么就可以采取行动了。我特别推荐用计时器提示这种办法。

如何用计时器行动起来

计时器不仅可以提醒你采取行动，还能温和地促使你前进，建立一套工作和回报架构。下面的这些技巧对我都非常有效。

任务倒计时：每次计时器提醒时间到，你必须立即开始行动，完成任务。

如果你需要开始一项任务，但因为缺乏动力而拖拖拉拉的时候，可以采用倒计时的办法。这种办法每次对我都很有用，不过最好还能将它与微习惯策略结合起来，明确最开始你可以用哪些小行动来促使自己前行。例如，你对做运动有抵触心理，就可以先换上健身服（或者更具体点儿，穿上运动短裤）。必须保证自己在计时器铃响之前完成换衣服的任务。

这个办法之所以有效，是因为它给了我们一个非常清晰的时间点，督促我们按时开始某项任务。如果你总觉得什么时候开始都无所谓，那你就很容易拖延。至于你可以给自己多少时间，可以根据具体情况而定。我每次用这种办法的时候，如果当下没什么其他事要忙，那我就给自己 60 秒——60 秒已经足够让我放松下来，为具体行动做好准备。

决定倒计时：你必须在限定时间之内做出决定。

倒计时可以给你轻微压力，督促你尽快对某事做出具体的决定，或至少弄清"具体需要采取什么行动"的问题。坚持每天使用倒计时的办法，给自己施加点儿压力，你就能有效地提高自己做决定的信心以及速度。的确，压力会让人不自在，但只要处于合理范围内，它就可以有效帮助我们行动起来。

你需要确保自己有足够长的时间想好自己的打算——但是也不要考虑太久。对我个人来说，最舒服的状态是 3~10 分钟，具体时长取决于决定的复杂程度。

注意力定时：你可以用这个计时器来规定自己在多长时间内必须专注于你选择的任务（严禁分心做其他事情）。

我给自己规定好集中注意力的时间后，经常会超时，因为我已经全身心投入任务，忘了时间。

提示：你如果有一台苹果笔记本，可以采用全屏模式，这样你就能屏蔽其他程序，全心投入设定的任务中。你可以要求自己：只要没到规定时间，就不能打开其他程序。相信我，即便是像"我就看一下邮件"这样的小事也会严重影响你的效率。小的违规也会造成分神，就像小的进步也会带来巨大产出一样。无论出于什么理由，你都不要打破自己对注意力定时的规定。

如果你觉得长时间投入地做一件事太难，你只是需要练习。从规定自己专注 5 分钟开始，然后慢慢增加时长。不论什么事，只要能每天坚持练习——分心也好，专心也罢——你都会做得更顺手。现在的大部分人都非常善于第一时间对短信或即时消息做出回应，而对重要事情的集中力却有待提高。只要多练习，我们一定能有所改进。

番茄工作法：工作 25 分钟，休息 5 分钟，然后再重复该模式。

这个方法非常有名，也非常有效。我个人的问题是，当我专心于一项工作时，25 分钟是不够的。不过我相信，不一定非要工作 25 分钟，每天都可以对时长做出调整。我的做法就是随机应变，有时候，我的专注力可以长达一个小时，有时候，我感觉那天最多能坚持 20 分钟（至少在那 20 分钟开始前我是这么认为的）。

话虽这样说，这种模式背后的道理是没错的，这种方法比毫无章法地工作要好得多。以下就是我从番茄工作法的网站上找到的步骤。

1. 明确任务
2. 用计时器设定 25 分钟
3. 认真完成任务，直到铃响
4. 在纸上做出标记，以示完成
5. 休息一会儿（3~5 分钟）
6. 重复四次后，可以进行一次长时间的休息（15~30 分钟）

劳逸交替法：工作 1 小时，放松 1 小时，然后重复该模式。

这种一张一弛的办法能让你在每次认真工作后都可以享受充足的放松时间。

> 但一小时休息时间实在太长了！
>
> ——某位读者

如果你也觉得放松时间太长不是件好事，你可以这么想：2012 年，希腊人的平均工作时间是 2034 小时，而德国人的工作时间是

1397小时。虽然希腊人工作时间长，但从每个小时的GDP产出来看，德国人要比希腊人高效70%（虽然德国人平均每人少工作600多个小时，但其总体效率却更高）。这组对比并不完美，因为两个国家的社会经济状况有着很大差异，但其间的差距已经足够说明问题——**工作时长并不是衡量产出的唯一标准。**

有时候，专注、投入地工作1小时后，哪怕休息2个小时也不为过。你肯定有过类似经历：有时"工作"了4个小时，却没什么成效；而有时虽然只工作了20分钟，却有大功告成的快感。

帕金森定律提到，工作会根据你分配给它的时间自动压缩或膨胀。如果你给自己更多时间放松、更短时间工作，那按照帕金森定律的逻辑，你就会努力提高效率。另外，别忘了，因为有充足的时间休息，你就会拥有更充沛的精力以更专注、更高强度的状态完成接下来的工作。

你是应该选择这个办法还是番茄工作法呢？你可以两个都试试。番茄工作法背后的逻辑是每次给你的身体和大脑短时间的放松，以便它们能重振精神（为完成下面的任务做好准备）。而劳逸交替法背后的原理是给工作更好的回报。理论上讲，这种方法能让你的神经系统在工作与玩乐之间建立积极的联系，毕竟大脑更欢迎那些能够直接带来回报的行动（习惯的原理即是如此）。

计时器工具

我认为，以上这些方法你可以都尝试一下，看看哪种对你最有用。现在你已经知道具体的办法了，你要做的是选择一个计时器。下面我来介绍几种便宜的计时器。

- 简易厨房计时器（一个简单的机械计时器！）：这种计时器最好，因为定起时来非常快捷，要比应用软件的计时器容易操作得多。
- 厨房数字计时器（Digital kitchen timer，安卓系统）：没错，安卓确有这款应用，它提供了三个计时器，可以分别计时。我个人不太明白在什么情况下需要三个计时器，不过这提供了一个选项。
- 终极闹钟（Alarm Clock Xtreme Free，安卓系统）：我本人用的就是这个，我把这款应用当成闹钟，但它还有一个按键可以设定倒计时。
- 时间栏（http://timer-tab.com）：如果你一直挂在网上工作，这是一个很好的选择，正如它的名字显示的那样，所剩时间会显示在你的浏览器上。
- iPhone 或 iPad：不需要任何应用，iOS 操作系统本身就安装有计时器。选择时钟这个应用，就能看到下面有计时器这一选项。设定时间，计时开始，你还可以选择不同的铃声模式。

应对纠结的技巧小结

为便于参考，我将在下面总结如何摆脱纠结情绪。其中的一些要点，我会在最后一章中再次强调。

纠结不放其实是一个关注焦点的问题——你一直遗憾地纠结过去（甚至希望有时间机器能把你带回去），而忽略了为实现幸福生活眼下该做的事。每当你发现自己又在纠结过去的消极事件时，你可以用以下办法来改善情况。

1. 接受沉没成本，毕竟发生的事情已无法挽回。每天（特定时间、地点或习惯行为之后）专门花点儿时间来回顾过去，接受既定现实。这种练习有助于培养出关注当下的思维方式。

2. 如果你纠结的事情与你的个人表现相关，你要明确它属于意外还是失败。如果是意外，那就再试试；如果是失败，那就要庆祝自己排除了一种错误途径，可以再想新的办法，重新来过。如果你怀疑意外和失败的成分兼而有之，比如反复遭到拒绝，那你就要在找到新办法后继续尝试。

3. 修正错误的自我对话方式。如果你发现自己陷入了"本应该"的思维陷阱，可以尝试使用"本可以"取而代之，因为"本可以"让人感觉多了一种可能性，而不是仅仅在批判错误。同样，你要努力理解自己当时的决定。不论做什么事，我们总是有做它的理由，既然这样，你就要努力理解自己当时的想法，要像在法庭上为自己辩护那样全力以赴。

4. 积极行动起来。纠结不放带来的最大的问题是无所作为。如果你的想法一直停留在过去，就不可能高效地专注于当下。要想让自己积极起来，你要培养一些每天都做得到的微习惯，不仅如此，你还可以将微习惯的逻辑应用到其他方面，即从小事开始，用计时器作为辅助。如果你对之前吵的架耿耿于怀，那么就定下目标，在什么时间内给某个朋友打个电话或发封邮件，确定一定要按下"拨号"或"发送"键。过不了多久，你们也许就会开始为别的事开心地大笑，朋友会帮助你走出消极情绪的旋涡。

应用举例

杰瑞止步于面试第二轮。对招聘者选择了其他人这件事，他耿耿于怀。他一直在想，要是自己在面试时有不一样的表现，或许就不会遭到拒绝了。被拒这件事让他感到十分沮丧。他虽然知道纠结过去已经于事无补，但还是无法释怀，于是，他选择按照本章中介绍的办法逐步尝试。

1. 杰瑞回顾了求职被拒这一事实。鉴于该职位已经找到合适人选，他明白再怎么努力也无法扭转这一结果。对这份工作已经不属于他的认识可以有效帮助他在情感上放下这件事。

2. 杰瑞意识到这次求职的结果有运气的成分，而他面试的表现其实还不错，足够他得到这份工作。之前，他之所以纠结自己的表现，主要是因为他想给自己被拒找个合理的解释。现在，他已经接受了这个不好的结果，并放下了对这份工作的感性纠结，他已经可以更客观地看待此事，并开始考虑下一个目标。

3. 之前，杰瑞一直纠结面试中自己"本应该"如何表现，如今他已改换思路，开始考虑面试时自己"本可以"怎么做，这样一来，他对自己的批判和给自己的压力减少了，这样做还会帮他给未来的面试积累经验。他针对下次面试可以如何改善做了一些笔记，因为自己从这次经历中得到了经验，他心里也好受了很多。

4. 杰瑞开始申请其他工作，他现在的注意力已经放到了新的工作机会上，可以说已经完全从之前求职失败的阴霾中走了出来。他意识到，再纠结之前的面试已是浪费时间，因此已彻底释怀。

IMPERFECT-IONIST

第 7 章

认同需求

> 那些一心想要获得他人认同的人很难达成心愿，而那些勇于做自己的人却总能获得更多认同。
>
> ——作家韦恩·戴尔（Wayne Dyer）

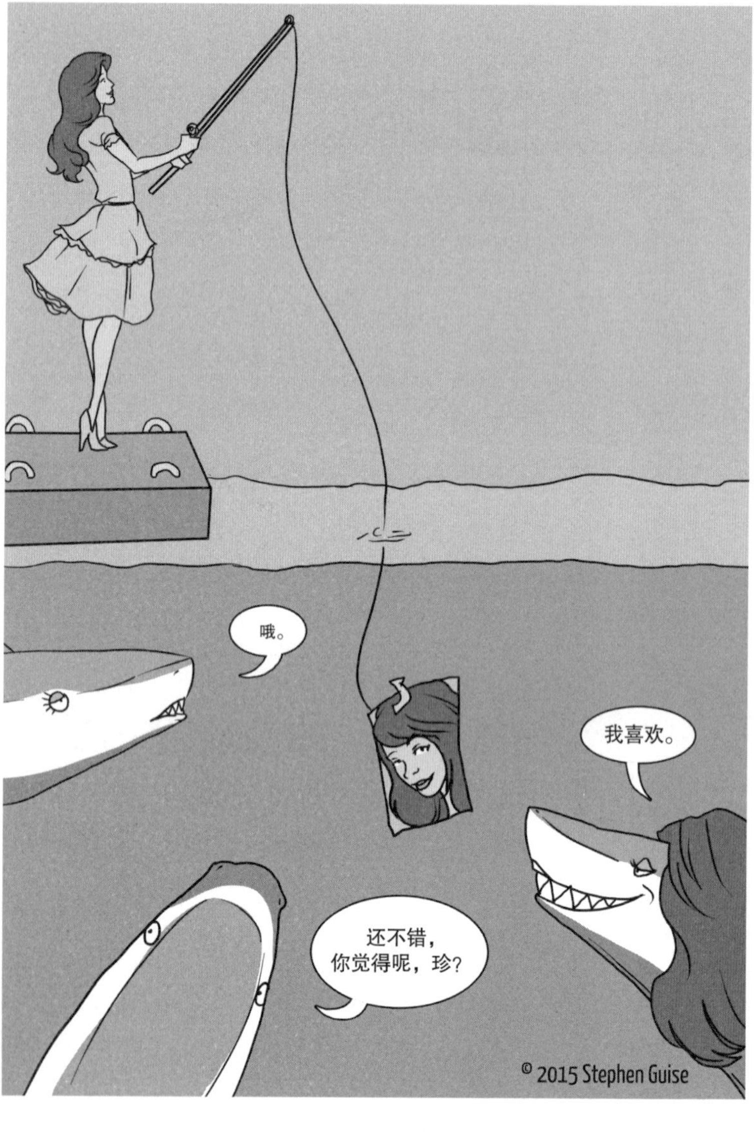
哦。
我喜欢。
还不错，
你觉得呢，珍？
© 2015 Stephen Guise

人类为何会有认同寻求

人类之所以寻求认同，主要有两个原因。

1. **他们缺乏自尊和自信，因此希望从他人处获得这些**。缺乏自信的人容易为自己的行为寻求他人的许可。比起自己的想法，他们更在意别人的意见。然而，你从他人处获得的信心与你的自信完全是两码事。

2. **他们希望每个人都能喜欢自己**。一旦有了这种想法，你的所有行为都会受到影响，哪怕在你独处时也会如此。在你的想象中，总有人关注着你的一举一动。我给这一问题的解决方法起了个有趣的名字——"叛逆行动"，方法本身也和它的名字一样有趣。

成为不完美主义者会令你信心大增

缺乏自信会造成内心的不安，如果你对某些事情没把握，你自然希望寻求进一步的确认。因此，认同需求这一问题的解决办法就是增强自信。只要增强了自信，你也就不再需要他人的认同来明确自身价值了。

以下帮助你建立自信的办法都非常有效，因为它们都建立在实践之上。单凭想象，你是无法让自己自信起来的，必须通过体验和行动才能做到。

三重自信法

1. 化学法

在前文中，我介绍了艾米·卡迪的研究。其结果显示，受试者保持自信身姿站立两分钟后，体内睾酮指标就会上升20%，而皮质醇指标则会下降25%。仅仅两分钟的简单"努力"就使得体内刺激信心的化学成分有了如此巨大的改变。

在任何场合，我们都可以通过这种方法增强自信。要知道，自信是你在人生中任何领域都需要具备的一种内在品质。

卡迪的研究表明，对那些缺乏自信的人进行自信身姿训练是很有必要的。虽然这只是个临时的小窍门，但如果坚持每天练习，它就会成为更持久、有效的策略。更重要的是，这个办法很好操作——你只需要展开双臂。

自信身姿最明显的特点为伸展的姿态、打开的胸膛和挺直的躯干。而屈从的身姿——其作用刚好与前者相反，会增加皮质醇、降低睾酮——则是向内收敛的：身体佝偻，抱着肩膀或交叉双腿，一副没精打采的模样。

在公共场合像飞翔的小鸟般展开双臂走来走去对你来说可能不太合适。但你的自信身姿训练可以低调进行，去一些特定地点进行这些练习，如在参加面试前在洗手间里摆这个姿势，保持一段时间（有人针对面试者做过这个实验，非常有效）。你也可以在约会、做报告或开会之前这样做。不论摆什么姿势，只要你做到打开胸膛，尽量占据更大的空间，你就会看到效果。

2. 假装自信

我坚持认为，只要装得像、装得久，总有一天会弄假成真。这个办法听起来似乎不太好，毕竟有谁愿意做假呢？但它的全部目标只是让你暂时收起对自己的顾虑，像一个自信的人一样思考和做事。如果你以前从来没有扮演过自信者，你确实需要练习这样做，而且一开始你确实会感觉自己有些做作。

如果你有机会在感到不自信的时候假装自信，我建议你一定要尝试一下。这和在戏剧或电影里表演是一样的。你要在内心想象出一个自信的人格，然后把自己代入他/她，然后把这种感觉表演出来。

有人可能会觉得这种方法有点虚假，或者说，在本来就对自己充满怀疑时这么做太难了。那么我还有一种办法可以提高你的自信。你不需要假装自信，只需要调整你的标准即可。

3. 调整参照标准

提升自信的传统办法都存在缺陷，因为它们只关注对自我的提升。我刚才介绍的两种办法也都可以提升自信，但这样只做到了一半，**因为信心从来都不是孤立存在的**，它与很多方面息息相关。普遍意义上讲，所谓自信，就是与你自己心里设定的标准相比，你认为你的个人能力到了何等水平。

如果自信可以孤立存在，那它怎么会不断变化呢？找工作十次被拒，你可能就会丧失信心，原因不是你自己有什么变化，只是因为你突然发现自己没达到心目中的标准。一直以来，人类都是一种自我意识很强的动物，虽然环境比人类本身难以预料，但我们总会认为自己是很多事发生的原因。

大部分人对自信的关注都属于一种内在行为，很少人会思考自信与其他方面的联系。这也就是为什么别人总是劝你尝试各种办法来"提升自信"或"相信自己"。这种建议本身没有问题，但是，自信并非孤立存在的，所以我们必须考虑与它相关的因素。

不完美主义者是世上最自信的人。他们之所以如此，并不是因为天生比别人强，只是因为他们擅长调整参照标准，以更好地反映自身的能力。也就是说，在自信这件事上，他们有很大的自主权。下面我们就来举例来说明什么是相对自信。首先，请想象以下五种情境以及你在各种情境下有多大的自信能够取胜。

1. 与一只巨龟赛跑（其最高速度为 300 米/小时）

2. 与一只鸡赛跑（其最高速度为 14 千米/小时）

3. 与邻居贝琪赛跑（她跑步的速度为 20 千米/小时）

4. 与世界飞人尤塞恩·博尔特（Usain Bolt）赛跑（他的速度可达近 45 千米/小时）

5. 与一头猎豹赛跑（它的速度为 113 千米/小时）

所有这些情境都与一件事情有关——你跑步的速度。你是否发现，在从巨龟到猎豹的五个情境中，你的自信会顺次降低？这就是相对自信的运作方式。与一只巨龟相比，我们都是速度之神。而跟猎豹相比，就连"闪电"博尔特也要甘拜下风。你对自己速度的自信完全取决于你内心为合格、糟糕、优秀等级别设定的相对标准。

如果你在某个领域或对自己整体都不自信，那么请你回答这个问题："我的标准是什么？"

我对自己跑步的速度很自信，但那是因为我没有用猎豹或尤塞恩·博尔特来做标准！事实上，我在高中参加过一次非正式的跑步比赛，那时，我（当真）以为自己是世界上跑得第二快的人了，所以当我被好几个家伙以火箭般的速度赶超时，我的内心无比震惊。我感觉自己就像鼻涕虫一样缓慢，因为他们把我的标准一下子提了上去。后来，我又找回了自信，原因是我发现跟周围的人比，我的确算是一个跑得很快的人。事实是，我并没有比以前跑得更快，只是我的标准更符合现实了。

类似这样的标准存在于各个领域：魅力、智慧、社交技巧、力量、幽默感，还有自信本身（你对自己自信水平有多大的信心）。我们根据不断变化的参照标准，不断衡量自己在各个领域的能力。

我觉得，大部分人都是通过与普通人相比来确定自己的自信水平的。我们大概知道某个领域内普通人的表现会是怎样，然后就会把它当作标准，评价自己的水平。但是要知道，这种衡量自信的方式是有缺陷的，就像买衬衫的时候买"均码"而不是真正适合自己的码一样。这种办法或许对一些人来说可以接受，但对大多数人都存在问题。

无论对哪个领域来说，"普通人"都不是一个权威标准，我们很难彻底清楚它在那一具体领域内的含义,毕竟,大部分领域都是概念性、抽象、主观的。你也许觉得自己的长相最多能算个普通人,但对某个人来说,你或许就是世上最有吸引力的人;你也许觉得自己很搞笑,但是要是跟金·凯瑞(Jim Carrey)相比,我会觉得我们都无聊透顶了。

人们经常以一些愚蠢的标准来衡量自己的自信:他们自认为正常的水平、他们生活中其他人的模样以及在电视上看到的情况等。**鉴于自信的参照标准因人而异,我们最好创建一个适合自己的。**

在我成为不完美主义者的过程中,关键的一点就是个性化自己的自信水平。真正稳定的自信来源于你为自己量身定做的定义和标准,否则,基于他人标准得来的自信都会经历巨大的波动和变化(并会改变你的参照标准)。也就是说,我们必须掌控自己的标准。

自信的个性化设置

对自信的正确观念是,不要先判断出自己的自信水平,再有针对性地将其增加到预期水平。如果你没有把握发表精彩的演讲,那么其实没有任何心理建设能够改变这一点。你只有通过不断练习才能有所改善。而与此同时,你还能做些什么呢?你可以先让自己建立另一种自信,那就是你一定能发表一场糟糕或普通的演讲的自信,这件事对你来说不在话下。

建立强大自信的关键是明确你现在对什么有自信,然后在此基础上努力。

如果你对自己某些方面的表现没有信心，那你很容易感情用事，而非深思熟虑。别忘了，这本书的目的就是要提供给你一些深思熟虑的策略，帮助你把控自己的情绪。所以我的建议是，不要试图改变自己，而应该改变自己的标准，因为标准改起来更容易。

我可以讲一个亲身经历。对之前的我来说，完美主义危害最大的领域就是恋爱，这一点从前面的讲述中你也能略知一二。在我心中，优雅与自信的模范是詹姆斯·邦德，这种标准导致我根本无法与有好感的女孩搭讪。因为我不可能成为詹姆斯·邦德（不过女士们，我已经很接近他了），当时，我的自信被彻底毁掉了。于是，我索性一改之前的做法，不再试图将自己打造成他那种样子，而是开始改变自己的标准。我应用了不完美主义的法宝，把标准降到了最低，把比较对象变成了那只巨龟。我至少能比一只巨龟优雅吧（也能比它快很多吧）。

从现实角度考虑，我把自己的新标准定为能够大方地跟女孩打招呼。对于这一点，我还是很有自信做到的，而且不出所料，我确实做到了。我不再追求把对方逗笑或是迷倒，那会给我太大压力。几个月后，我竟然能主动邀请陌生女孩约会了，其中一位还说我一定拥有"一往无前的勇气"，我能在健身房的众目睽睽之下与正在使用健身器械的她搭讪，真是"太有自信了"。看，我的自信心确实有了迅速提升，但你知道为什么会这样吗？

你可以想想标准到底意味着什么。如果你把詹姆斯·邦德视为标准，希望在与异性交往时可以像他一样游刃有余，那你的标准恐怕高得离谱了，但你也可以说达到邦德的水平就"够了"。你不会在达到邦德的水平后因为没能超越他而感到不安。邦德的水平就够了。而对我来说，只要能主动与女孩打招呼就够了。"……就够了"可以说是最不完美主义的概念了。

如果你每次都能轻松实现既定目标，也不必太过忧虑接下来该怎么办。如果标准定得太高，你本来就无须担心之后怎么办；但如果标准比较低，我必须要提醒你，不要把自己当成一只追逐讨厌兔子的猎狗。你要允许自己在达到标准后享受成就感，毕竟这是你自信的基石。

把标准定低还有一个好处，那就是你很可能超额完成任务。如果你有了成功的快感，自然就会处于放松的状态，不必再为"达标"而焦虑，而这正是自信之人才有的状态。所以，把标准定低其实有一箭双雕的效果。

实践中，发挥作用的因素有两个：能力和自信。首先，你必须要有能力，然后才能自信地去完成任务。最初我给自己设定"打招呼"这一标准时，我也不是总能自信地达标的。我只是对自己完成这个目标的能力有信心，但至于能否自信地去完成目标，我并没有把握。以前，因为明知道自己达不到詹姆斯·邦德的标准，我很少迈出步去尝试和实践，自然也就没有机会培养真正的自信。我并不是说设定较低的标准，自信就会随之而来，我们还是需要一些时间。但无论如何，与设定高标准相比，你的自信都会来得更快，因为低标准的作用就是让你能够迈出第一步。

要想自信地行动，你需要大量的练习，因为只有自在才能带来自信。如果你对自己的木工活有自信，这说明你在做木工活时是轻松自在的。如果你总体上是个自信的人，那么在大多数场合下，你都会处于一种自在的状态中。

自信的人不需要他人的认同或认证，因为这些存在于他们内心之中。自信是一种技能，可以通过练习来提升。

许可与尴尬

对认同的需求会在你和你的想法之间筑起一道墙。

与完美主义的所有表现形式一样，对许可的需求可能会让我们丧失自由。你可能觉得如果没有获得他人的认可，你的决定存在风险，原因很简单，就是他人的认可给了你一层额外的舒适和安全感（就像听到医生说你可以做哪些事一样）。

这一现象或许是我们从小受到的教育方式造成的，又或许是因为缺乏安全感，总之，我们中确实有太多人在行动时过度依赖他人的许可。求得许可成了我们社交生活中一个非常重要的部分，让我们周围遍布着各种各样的规矩（即具体的要求或禁止事项）——联邦法律、州法律、公司政策、社会规范和礼仪，等等。

为了保证社会正常运行，有些规矩是必要的；但也有很多规矩被夸大了，让我们对一些无关紧要的事大惊小怪。在下午三点还能吃冰激凌吗？走向一个陌生人并搭讪属于被社会接受的行为吗？给同一个人连续发四封邮件合适吗？即使这些问题的答案是否定的，违反这些规矩也无伤大雅。

为你的决定找一个保护伞不仅是不必要的，甚至还有很大的害处，因为一旦形成这样的习惯，你就会慢慢变成一个缺乏自信的人。自信之人从来不需要他人的许可。

所有行为都会产生后果，但能真正造成严重影响的并不多。更多时候，人们担心的不过是尴尬或拒绝罢了。比如，连续给一个人发四封邮件后，你可能会觉得自己很冒失，这可能导致对方拒绝你的请求，但如果你真的那么坚持，或许你会因此在其他发信人中脱颖而出。所以，根本没必要有任何担心，如果你想做什么事，只要你有合适的理由，那就去做吧。

被人拒绝可能会令人沮丧，但是请记住，这种拒绝和失败是一次性的：你只是被那一个人在那个时间以那种方式在那个领域拒绝了而已。遭到一次拒绝不等于未来再无翻身之日。

尴尬情绪无关紧要

尴尬情绪对我们来说也没什么好处。你能想到尴尬情绪改善了你生活的任何例子吗？尴尬的作用仅仅是打消我们做事的积极性，以避免造成更多尴尬，这是一种循环论证。疼痛能让我们学会避免更多疼痛，但它有一种重要作用——让我们得以保护自己。如果你已经感到疼痛，却还不断伤害自己，那你必然会造成更为严重甚至永久的身体伤害，因为疼痛意味着你已经在伤害自己的身体了。但尴尬与之不同，除了尴尬自己产生的不适以外，它并不会造成什么严重的问题。

也就是说，如果你能消除尴尬情绪，尴尬带来的麻烦就消失了。做令你感到尴尬的事情（只要不伤害到他人），唯一可能的后果就是让某些人疏远你，但是，如果这是你坚持做自己所要付出的代价，那么被一部分人疏远也没什么大不了的（毕竟这样的事情经常发生）。

刻意追寻尴尬的做法是极端的，而且毫无意义。我之所以这么说，是因为大多数人走了另一个极端：为了保护自己的形象，他们拉低了"尴尬点"。不然，为什么会有那么多人在该跳舞的场合也放不开手脚呢？

你是否见过有人在大庭广众下丢脸？他们给了你什么感觉？内心深处，你是不是有些嫉妒他们无须获得任何人的许可就能做出一些疯狂之事的勇气？

对尴尬情绪不敏感是件好事，这能带给你真正的自由。世上那些"疯狂"的人都是如此——尴尬根本不会对他们造成任何困扰。然而我们大部分人都太循规蹈矩了，即使没有任何条条框框，我们也不敢尝试做会带来尴尬的事情。

我并不是在劝你去街上裸奔。我只是想告诉你，尴尬本身没什么好怕的。只有多丢几次脸，你才能对它泰然处之。完美主义者只有通过不完美的行动才能摆脱追求完美的毛病，其背后的原因就是习惯，而我们习惯了的生活方式才让我们感到最舒服。

想象一下，穿着内衣走到 300 人面前，跳上一段 5 分钟的舞。

除了少数被视为"怪胎"的人会对此兴致勃勃外,大多数人都会觉得无比尴尬。但是,如果你每天这样做并坚持一年呢?一年以后,就算不能说安之若素,至少你也已经不会感到难堪了。这听起来疯狂,但想想看,你会同意我的观点。

只要不违法,不伤害他人,你就没有必要寻求他人许可或担心引起尴尬。也就是说,你要安心做你自己。但具体该怎么做呢?像许多事情一样,只有通过练习才能实现——叛逆练习。

叛逆练习

要想克服认同需求,符合逻辑的方法就是做他人不认同的事,当然是在不触犯法律也不伤害他人的情况下。叛逆这个词总会让人联想到派对、犯法、不负责任的生活方式等,但那些只是叛逆的一种形式——反抗权威。当我们还是孩子的时候,我们总是在大人的直接权威下生活,从父母到老师,从老师到教练。所以我们已经习惯将叛逆与权威联系到一起。

然而,所谓叛逆远不止这些。

- 你可以对你过去的生活方式说不。
- 你可以对社会期待说不。
- 你可以对同辈压力说不。
- 你可以对任何标准和期待说不。

那些对认同有强烈渴求的人绝不可能成为一个叛逆者。他们很难按自己的方式生活，因为无论做什么事，他们都要遵循某些标准，即便没有标准，他们至少也要以最不容易受到批评的方式生活。这些人要做的就是对自己的认同需求说不，这需要多加练习。只有不再关心他人的认同，才能获得做自己的自由，大胆尝试以前想都不敢想的事。

认同需求可以很宽泛，也可以很具体。你可以只需要某些人的认同，也可能需要整个社会的认同，或二者都需要。一位害羞的单身男士也许在每次行动之前都需要得到女孩的认可。如果他向一位女孩表白，对方没有做出积极回应，他就会觉得对方不认为他有资格成为自己的伴侣，或者不认同他表白的方式。

千万不要把叛逆和无礼、麻木混为一谈。叛逆的人可能的确有这些特质，但叛逆的重点是你不要让自己的行为受到他人控制。在21世纪的今天，背一个土气的腰包就算是一种叛逆行为。

你不可能取悦所有人，而取悦某些人群是毫无意义的，因为只要你做自己，就一定已经取悦了一部分人而疏远了另一部分。你不需要特意去取悦谁，就已经做到了这一点。

认同需求会伤害你的身份认同。 这个事实告诉我们另一个事实：那些需要他人认同的人往往无法正确认识自己。你了解自己，才更容易活出自我；如果你不够了解自己——或许是因为年纪太小，或许是因为长久以来你一直在模仿他人——那你就难免要从外界寻找身份认同。

不要试图在他人那里寻求认同，否则你将永远不可能获得来自自己的认同。

这件事说起来容易，做起来难。多年以来一直没能找到自我的人，不可能一夜之间改变。不过，你可以迈出最基本的一步——叛逆，对所有束缚你天性的传统说不。你只有在能够自由选择时，才可能真正找到自我。

回想你曾经做过的选择，以及认同需求对其造成的影响。你的认同需求来自谁，那个一直窥探你生活并对其指手画脚的人吗？还是那些尊重你想法的家人和朋友？还是因为处于你这个阶段的人对自己无法回应社会期待存在一种共通的担忧？

你必须针对自己认同需求的类型和程度制定自己的叛逆计划。以我为例，我特别在乎社会的总体期待与评价，所以我的叛逆练习包括在公共场合就地卧倒(我真做过)、像傻瓜一样舞蹈(经常练习)、与女孩搭讪（渐入佳境）以及其他可能引发尴尬情绪的行为。每次做完类似练习，我都会感觉内心充满力量，屡试不爽。这绝非巧合，因为我向自己和世界证明了，我的生活我能自己做主。

如果你的认同需求来自特定的个人或群体，那就明确他/她/他们如何人为地对你的行为造成了影响。比如，你担心自己真正热爱的职业会遭到朋友的质疑吗？你真正想走的路与你父母的期许背道而驰吗？（第二种情况更棘手，因为有谁愿意惹妈妈生气呢？）在这些情况下，你需要就事论事，在你与对方的关系和对方施压阻止你做的事之间做出权衡。你的叛逆会影响你与对方的关系吗？如果有影响，你的叛逆还值得吗？

如果你真想摆脱完美主义的禁锢，而造成你的完美主义的根源是认同需求，你需要培养一个叛逆的微习惯，每天练习。这个微习惯不需要定得很难。

此时此刻，如果你纠结于认同需求，但又不知道针对自己的情况该尝试哪种叛逆练习，我建议你做一些通用练习。

宽泛的社会叛逆练习对很多个人状况都有帮助，因为它可以教会你该如何叛逆。你可以把它当作前进的踏板，改变自己的生活方式，不再顾虑你的改变是否会令他人失望。其实会令他人失望的不一定都是"坏事"，也许你只是和一个经济条件不够好的对象结了婚，或找了一份此前没有家人从事过的工作而已。当然，还有其他无数可能引起他人不解或非议但本身却没什么大不了的选择。

下面是几个通用的叛逆练习。

在公共场合保持自信站姿

在公共场所，你可以练习像鸟儿一样张开手臂。这是个一举两得的法子，是对卡迪自信研究和叛逆练习的结合。其一，你体内化学指标的变化可以提升自信水平；其二，在公共场合的荒唐举动自然属于一种叛逆练习。

在公共场合唱歌

你可曾见过有人在公共场合随心所欲地唱歌？老实说，我会在心里嘲笑他们，但他们似乎并不在乎别人的目光。他们过得很开心，很享受唱歌的感觉。在公共场合唱歌是练习叛逆的一种非常好的办法，因为（在身体层面而非心理层面上）操作起来十分容易，虽然会令你尴尬，但也十分有趣。如果你本身就不擅长唱歌，那你的行为就更有趣了。别人可能会觉得你在发疯，但叛逆的目的正是如此。如果别人觉得你疯了，那自然表示他们不认同你的做法，而大部分人只会觉得你很可笑而已。

在公共场所躺倒三十秒

我是从作家蒂姆·费里斯（Tim Ferriss）那里学到这个方法的，他在畅销书《每周工作四小时》(The 4-Hour Workweek) 中提到，可以用这个办法来拓宽自己的舒适区。这个办法的绝妙之处在于，出于某种原因，我们的社会有个不成文的规定，那就是"你不能无缘无故在公共场合躺倒"。但事实上，这种行为不会对任何人造成任何伤害，而且完全合法。这个办法不仅安全，而且有效，你可以借此向一直意欲控制你行为的社会规范发起挑战。我建议你可以在商场或商店里尝试这个办法，而我个人更喜欢的一个类似活动是当众做俯卧撑。不管在哪儿，我都可以趴下做一组。我最近一次当众做俯卧撑的场所是一家非常拥挤的酒吧，当时周围的一群人还给我拍了照。

背腰包

你越年轻，背腰包的效果就越搞笑。

与陌生人攀谈

对某些人而言，存在一种社会规范：在没有合适理由的情况下，我们不该主动与陌生人攀谈。我有时候也会这样想。但这显然是个错误的认识（问问那些经常与陌生人聊天的人吧）。不仅如此，另有研究显示，与陌生人的简单对话可以让我们心情愉悦。研究人员对公共交通上的独处与社交行为进行了对比测试，许多被试表示他们虽然喜欢独处，但在与人交流后会"获得积极的体验（而且丝毫不会影响自己的效率）。"

完美主义者会在听到这一建议后反驳："我能跟陌生人说什么呢？"为了回答这一问题，我们可以回顾一下之前提到的参照标准。你如果没信心能展开一段精彩的对话，只需要把目标定为说声"嗨"，只要做到这一点就算胜利。如果你能想到其他可以聊的内容，那些纯属锦上添花。但如果你感到尴尬，那这正是一次练习叛逆的绝佳机会。

慢动作前进

这也是一个毫无害处但足以引人侧目的行为。你可能会直接否决这个建议，说"这太蠢了，这么做有什么意义"，但其实更有意义的问题应该是"为什么这么一件小事会让人如此不自在"。答案是完美主义。社会规范期待我们走路时用适当的速度前进，甚至要保持适当的姿态，任何不符合这种期待的做法都会被检视、质疑、批评。这其实是不合理的。

我们总会感到来自外界的压力，正是这些让我们墨守成规。也正因如此，我们才更容易逼迫自己成为一个完美主义者。上述练习的目的正是揭示他人期待的荒谬之处，向其发起挑战。你在公共场合躺下或慢动作前行的做法或许会让别人感觉你精神不正常，但那么做真的不正常吗？或许吧，但我认为更不正常的是会在意这些事的旁观者。

我并不是说你在生活中的任何时候都不需要获得他人的认同，因为事实并非如此，例如，需要并努力寻求你伴侣的认同就是非常明智的做法。但是，如果你的认同需求已经扩散到你接触到的每一个人，那它就成了需要解决的问题，因为那时的你已经走向了极端，你的真实性格和喜好已经被那源源不断的老生常谈、社会期待及一心求稳的生活方式彻底扼杀了。

人们总是告诉彼此要"活出自我"。但其实他们更应该说，"你应该尝试在没有理由的情况下就地躺倒"。你能做到这一点，才能真的活出自我，因为你已向世界证明，即使会遭到批评，你也勇于向传统发起挑战。

如果你敢在商场的地上躺 30 秒，那你在与人对话时就能做到游刃有余，在想拒绝的时候也能勇敢说"不"。叛逆练习可以让你不再依赖社会认同，久而久之，你就可以按照自己的心意自由生活了。

（以上这些办法越是让你觉得荒谬，效果就越好。）

IMPERFECT-IONIST

第 8 章

过失担忧

> 过失是人类无法摆脱的特质，请务必接受你的过失：毕竟，最宝贵的经验往往都需要付出痛苦的代价。即使是致命的过失，至少也可以为他人提供前车之鉴。
>
> ——艾尔·弗兰肯（Al Franken）

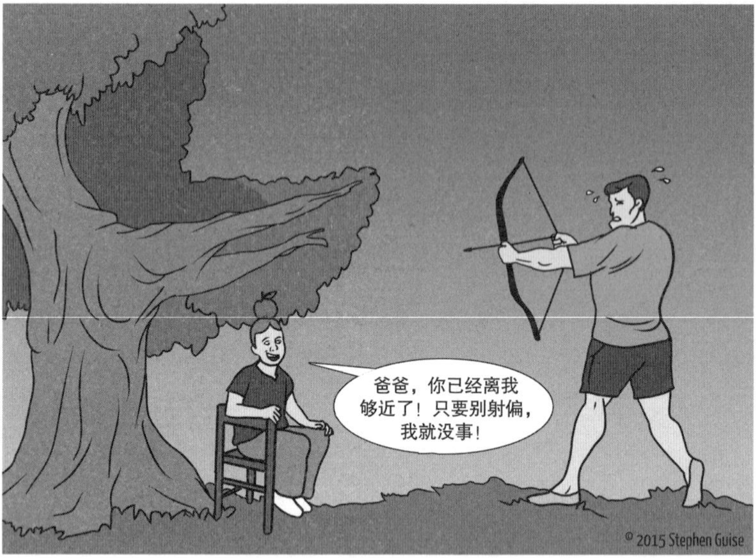
爸爸，你已经离我够近了！只要别射偏，我就没事！
© 2015 Stephen Guise

一场不够完美的比赛

在2008年的十大室内竞技锦标赛的600米比赛中，希瑟·德尼登（Heather Dorniden）夺冠的呼声相当高。600米的比赛需要跑三圈，参赛队员各就各位后，发令枪一响，比赛正式开始。

刚开始，所有参赛者都并驾齐驱，等第二圈快结束的时候，希瑟占据了领先优势。但她在与第二名争抢卡位时，不小心摔了一跤，顿时成了最后一名。她爬起来，继续比赛。解说员也对她的失利感到十分遗憾。"万幸的是她没有受伤。"一位解说员说。"好在她的队友跑到了前面，所以她们队可能还有机会。"另一位解说员说。

她能坚持完成比赛就很令人钦佩了，但事实是，她不仅完成了比赛，而且赢得了比赛。从视频中看，整个过程令人难以置信，有人说非常激动人心。当我们看到希瑟在跌倒后立刻爬起来，并毫不气馁地再次全力以赴投入比赛时，我们心中会响起一句慨叹："这就是人性的伟大之处。"

但这件事不仅给我带来了鼓舞和感动。我们仔细想想这一事实：**一个犯了更多错误的女孩反而赢了那些犯错误没她多的。**

请认真想想，一场比赛下来，冠军却是那个在比赛中出现了严重的失误的人，而那些失利的人在比赛过程中却并未出现明显失误。太多时候，我们都以为犯错就自动意味着失败，但事实上，犯错只是让我们陷入了一种会导致失败的心理心态。如果希瑟跌倒后放弃比赛而最终失利，那我们可能都会认为摔跤是她失利的原因。但既然我们已经知道她在摔跤后依然获得冠军，就足以说明我们之前的想法是错的。如果希瑟跌倒后放弃比赛，那她失败的原因不是跌倒，而是丧失了继续努力的勇气。我相信她自己也非常欣慰能够坚持到最后，她的胜利不禁让我们反思我们之前那些过早放弃的行为。

当然，她的成功绝不是比赛中摔的那一跤的结果，但成功很多时候都离不开百折不挠的坚持。

对犯错的担心造成的影响

对犯错的担心会导致我们犯更多的错吗？对此，科学研究并没有得出明确的结论。第三章中提到的研究显示，完美主义者在完成创意写作任务时表现欠佳，其中部分原因就是他们对犯错的担忧影响了他们发挥创意的表现。但另有两个研究显示，对犯错的担心并未导致学生在学业中犯下更多错误。话虽如此，其中一个研究也发现，"对犯错的担心会导致学生对课程难度的过高估计、更强的焦虑感以及更多的消极情绪。"

对篮球运动员罚球的数据统计更可以说明问题。数据显示，主场球队队员在压哨时刻的罚球表现更差，而在抢进攻篮板方面却很有作为。主场球队能够感受到更多来自球迷的支持，但与此同时，他们也会感受到更大的压力，每次命悬一线时，他们就会告诫自己不能犯错,不能让球队和球迷失望。他们内心越是这么想,越是想把比赛打好,就会分散越多精力,从而导致在罚球时表现失常(因为罚球需要的是精细动作技能)。

与比赛中节奏最慢的罚球时不同,每次当球队大比分落后,队员在抢篮板时根本没有时间担心犯不犯错。在全场比赛中,他们别无选择,只能依靠本能和下意识的反应。另一个原因是,没有抢到篮板不会被看作一种搞丢机会的失误。

研究证明,对过失的担忧会令我们对当前的情况有更多意识,可能会增加我们犯错的频率。不过,这并不是我最担心的问题。

对过失的过分担心会增加你的焦虑和对行动的恐惧。前面提到的研究是关于被试做出某些行动的,比如让篮球运动员罚球、让学生考试等,但现实生活中,过分的担忧甚至可能让你我做出彻底放弃的决定,从此不再尝试某件事。

上述研究和数据无法帮助我们判断过失担忧的心态在行动之前的影响,只能让我们了解它在行动后展现的效果。这让研究变得更有趣,但这似乎并不能解决我们大部分人的问题,因为对我们来说,更大的问题是过失担忧导致的不作为。致力于研究完美主义的休伊特和弗莱特曾经一语道破问题的实质,"完美主义者对几乎所有没有十足把握的事情,都选择敬而远之"。

在找出解决办法之前,我们先来分析一下人们为什么会担心犯错,其中一个重要的原因被称为"冒牌者综合征"(impostor syndrome)。

冒牌者综合征

如果你对犯错这件事过分担心,你可能患有冒牌者综合征。冒牌者综合征一直被视为完美主义的同胞兄弟。在心理学中,冒牌者综合征指的是有些人看起来非常成功,但内心深处却"有强烈的蒙骗他人的感觉,仿佛成就都是虚假的"。这样的人表面上成就显赫、风光无限,却总感觉自己名不副实。

研究显示,这种定义下的"冒牌者"对过失特别敏感,错误引发的焦虑也更为严重。患上冒牌者综合征,并不是说你真的名不副实——只是你内心产生了这种感觉。如果你觉得自己不能胜任自己的工作或声望,你就患上了冒牌者综合征。有些非常成功的人士正是因为太成功才会出现这个问题。

就连伟大的阿尔伯特·爱因斯坦也表现出了冒牌者综合征的征兆,人们在他名字前面所加"伟大的"可能就是原因之一。在他临死前一个月左右,他曾对比利时王后伊丽莎白说:"人们过度尊崇我的工作成果,对此我十分不安,感觉自己不知不觉间成了骗子。"

爱因斯坦的"完美形象"不是他自己打造的,而是社会赋予的。大众的视角下的自己令爱因斯坦感到很不安,这往往就是冒牌者综合征的第一步。他知道自己犯过错,有许多问题,但外界并不在乎这些,他们依然对他强大的大脑和伟大的成就佩服得五体投地。正是外界这种不切实际的印象让当事人感觉自己名不副实,让他对犯错充满了恐惧,担心整个世界因此识破真相。

想一想社会给你贴了哪些标签，冠了哪些名号，不管是直白的还是隐晦的，想一想它们如何影响你对自己努力获得了成功这件事的认识。回想我大学毕业后找不到工作的日子，我的问题正好与冒牌者综合征相反。我总是自恃过高，感到凭我的才华不应该找不到一个合适的工作，至少不会连回复都没有。在出版了《微习惯》一书并热卖，收到不少读者的积极反馈后，我才产生了冒牌者的感觉。

人们为何会对爱因斯坦的大脑奉若神明？为何他的成就如此不同寻常？人们之所以一直对他的成就有很高的评价，正是因为他和我们一样并非完人。如果所有人，包括爱因斯坦，都是完美的，如果我们都可以轻松地了解整个世界，那爱因斯坦的成就也就不值得大惊小怪了，不是吗？**如果我们内心以为完美是外界对我们的要求，那任何成就都不足为奇。**

冒牌者们有一个奇怪的特质——他们会向他人揭示自己的缺点。比起呈现给外界的总体形象，他们更关心自己的每次具体表现，他们甚至故意想要推翻自己被高估的公众形象。

> 汤普森（Thompson, 2000）等研究者发现，与非冒牌者相比，冒牌者对消极评价有更强的恐惧，所以他们成功的一大动力就是达到他人设定的标准。

冒牌者会参照他人在某个领域设定的标准（但往往有所夸大），然后感到自己相形见绌。我们来看看冒牌者综合征对我们的行动力有哪些消极影响。

他们还会尽力掩饰自己的不完美之处,具体做法就是拒绝出席可能暴露自身缺陷的场合。冒牌者身上的这些特质与完美主义者的问题很相近。完美主义者同样过分敏感,也有强烈的想要掩饰自己错误的想法,目的都是彰显自身的完美。(弗罗斯特等,1995)

如果在外界眼中你是个成功人士,那请记住一点,人类的成就之所以伟大,就是因为我们都非完人(否则成功也就不足为奇了)。若你能以这样的视角看待人生,你就不必因为要匹配完美形象而再给自己施加任何压力了。如果你之所以这么做,是担心别人期待你做到完美,那请你放轻松,因为事实上大部分人根本不在乎你的表现。

活出真我,表达自己的真实情绪。介意你表现的人对你而言并不重要,而对你真正重要的人根本就不介意你的表现。

——苏斯博士(Dr. Seuss)

问题的关键是,你关心的是什么?你关注的重点决定了你看问题的角度。

- 不完美主义者能看见并且接受自己的不完美,无论取得什么成就，在他们看来都十分难得。

● 完美主义者不遗余力地维护自己的完美形象，无论取得多大的成就，在他们眼中都不值一提。

患有冒牌者综合征的人总是习惯性地将自己的成就与心目中的理想模板进行比较，因此总是戴着有色眼镜看待自己的成就。这一问题的解决办法就是看清真实的自己。接受自己的缺陷，并忘记自己所谓的完美形象。真实的你才是你的根本，即便是错误，也是其不可分割的一部分。犯错误很正常，根本无须大惊小怪。

你不要妄想通过无视缺点或转移注意力的办法来解决问题，只有真正接受自己的缺点，把它们当成朋友一样对待，你才可能真正彻底摆脱它给你的自信和思想带来的影响。

冒牌者综合征是成功人士专属吗

虽然我们在分析冒牌者综合征时用的都是成功人士的例子，但事实上，并不只有成功者会患上这种病。

> 哈维（Harvey，1981）表示，任何无法内化其成就的人都可能把自己看成一个冒牌者，这种症状并不专属于在社会上功成名就的小部分人。

有些人仅仅因为被他人爱着便会产生冒牌者综合征。他们觉得自己不配获得别人的爱，总是担心自己如果犯错，就会暴露缺点，并因此失去爱。他们可能觉得，只有自己成为完美的伴侣、伙伴或父母，才能拥有别人的爱，而他们是不可能一直保持完美的。

应对冒牌者综合征，除了认清真实的自己外，最好的办法是内化你的成就，你可以把它们用白纸黑字记录下来。在内化的过程中，请时刻记住，你并不完美。只有这样，你的成就感才能不降反升。

冒牌者综合征的具体疗法

把你的成就记录下来，这包括你做过的最了不起的事、获得的最高的荣誉等。你可以用纸质记事本或以电子形式把你的成就写下来。每次感觉自己名不副实的时候，你都可以回顾一下自己的记录。花点时间列这份清单是有意义的，你只需花上几分钟，却会因此而受益终生。即使你没有冒牌者综合征的问题，总结一下自己的成绩也是有好处的。当你有了新成就，把它们补上去。这份清单也可以被视为一份进度报告（记下获得成就的具体日期，这样一来，你就能对自己的人生轨迹形成一个全面的认识）。

正如过失担忧是完美主义的一个表现形式，而冒牌者综合征则是过失担忧的一个表现形式。接下来，我们再来回顾一下过失担忧这个问题。简单说，过失担忧就是对错误引发的后果的担心。其他的先不用说，犯错至少不是一件愉快的事。所以单纯因为这一点而想避免犯错完全是可以理解的，但过失担忧之所以是个问题，是因为它容易让你变得被动、无聊，甚至一事无成。

再回到爱因斯坦的例子上，想想他做了多少工作。他似乎并没有被过失担忧拖慢工作的脚步。虽然步入晚年后的他明显染上了冒牌者综合征的毛病，但至少在工作的岁月里，他没有这个困扰。就算有，它也丝毫没有影响到他的工作效率。不怕犯错是实干者的特质，爱因斯坦就是如此。事实上，他对犯错的态度是："如果你从来没有犯过错误，这只能说明你从来没有尝试过新鲜事物。"

我们的行为都源于我们对恐惧和欲望的反应。对那些恐惧大于欲望的人来说，采取行动去改善自己的生活是很难的事。相较而言，爱因斯坦对犯错的态度则非常清晰，他对世界强烈的好奇心以及对探索世界的强大欲望远远超过了他对犯错的恐惧。这就好像在林中看到的迷雾：迷雾后可能隐藏着危险，但神秘的诱惑却令好奇的人无法停止探索的脚步。不过，并不是每个人都能像爱因斯坦那样有强烈的好奇心和开辟新天地的欲望。

那我们这些无法与爱因斯坦同日而语的人该如何克服对犯错的恐惧，从而减少相关焦虑，信心满满地采取行动呢？

最大的问题是，我们是否应该努力减少恐惧，增加欲望，甚至是否要同时做到这两点才能给出人生更好的答卷？换成其他书，作者可能会试着激励你（增加欲望），或者告诉你要勇于正视自己的恐惧，努力实现自己的梦想！但事实证明，这些做法毫无用处。"正视恐惧"完全是一种治标不治本的方法，企图用肤浅的手段解决根深蒂固的思想问题根本不可行，动力总是稍纵即逝。

如果有些因素会阻止你行动，而另一些会给你力量，那最明智的做法是增加能给你力量的因素吗？不，当然不是。大多数情况下，最有效的办法是消除障碍。如果你不去解决内心深处的恐惧，它们就会一直出现，破坏你的人生，不管你获得成功的动力有多大。

所以，我们千万不能轻视恐惧。我们要尊敬恐惧，就像战士尊敬势均力敌的对手一样。我们要做的不是增加欲望，而是减少恐惧。我要介绍一个三步走的办法，有了这个办法，你就可以解决恐惧的困扰，训练自己变得更勇敢。

我先来看看二进制思维模式：这个办法不仅效果明显，而且容易操作，最重要的是，它实施起来乐趣十足，可谓你看过这本书后能收获到的最重要的东西。

二进制思维

这是整本书里我个人最喜欢的办法。

要想减少你对犯错的恐惧，你首先要转变思维模式。当然，思维模式不是说变就能变的，"不要害怕犯错"这种建议一点儿用也没有。如果心态这么容易就能转变，那我们早就不用为此困惑了。二进制思维这个办法不仅理解起来像"不要害怕犯错"一样容易，操作起来也非常简单。《微习惯》一书已证明，即便是简单易行的办法，也可能带来非常显著的效果。

二进制思维是我继微习惯后总结出的最了不起的概念，对我个人的人生起到了积极深远的作用。我这样说也许抬高了你的期待值。我们现在就来深入了解一下二进制思维吧。

数字与模拟

二进制思维的名称来源于计算机术语"二进制",是一种只由两个数值——0 和 1 组成的算法。当今世界上的主流数字技术都以二进制为基础。

电视接收的信号有两种:数字信号和模拟信号(现在的新型电视和广播使用的都是数字信号),其中数字信号就是二进制数据,可以被转换为图像。数字信号即便很弱,只要能够传输,最终图像就都是完美的;但模拟信号如果很弱,那么图像的质量就会受到影响。

数字/二进制信息是有限而明确的信息,模拟信息却覆盖了多种无限可能。这一点又与我们的行为有什么关系呢?

那些想摆脱完美主义的人遇到的一个麻烦就是,他们本身就喜爱完美这个概念。既然完美主义者如此渴望完美,我相信他们也会喜爱二进制思维的,它正好可以利用我们对完美的渴求去对付完美主义的这个表现形式——过失担忧。如果我们用电视的数字信号和模拟信号来给任务分类,我们就会发现,"模拟任务"是无法做到尽善尽美的,而"数字任务"及其概念却可以。要想得到完美的模拟图像,模拟信号也必须是完美的,但即使数字信号不强,图像依然可以完美。我们来看两种表现形式的例子。

常见数字任务:想象一下,此刻你的任务是按下开关,打开房间里的灯。你只要按一下,任务就顺利完成了。即使过程中你绊了一下、撞了膝盖、跌了一跤,但你只要按下开关,就成功完成了开灯的任务，没有所谓只完成一半的概念——开关要么开，要么关。在二进制的角度，开关向上就是"1"，向下就是"0"。记住，我们关心的是你是否完成了任务，并不在乎过程中你做得好不好。

常见模拟任务：如果你的任务是发表演讲，想做到彻底失败或毫无瑕疵都是不可能的，你的表现一定介乎两者之间。你可能说错了一个词，摆了一个尴尬的手势，或是中间有一个太长的停顿。你可能说吞吞吐吐地讲了一些发人深省的话，也可能行云流水地发表了一通老生常谈。你的演讲可能进行得还算顺利，也许不是特别令人满意，总而言之，不管中途出现了什么问题，你的演讲表现都是优缺点共存的，是一种模拟的效果。请注意，我们此处关心的问题和上面开关的例子截然相反：你在乎的是你演讲的表现，而不是你是否做了演讲。

上述两个例子反映了人们对这两类任务的"刻板印象"，但如果我们把这两种情况换过来，事情又会怎么样呢？请认真阅读这一部分，你会发现，我们怎样界定任务的本质，完全是我们个人的选择（你会看到，这一点对我们大有帮助）。

把典型数字任务转变成模拟任务：想象一下，你的任务是按开关，但你只有用某种特殊方法完成后才算成功。比如，你要求自己的手指必须与开关绝对平行，而且在快速按下开关的瞬间，你必须在空中完成一次劈叉，同时还要以钢琴上第七个八度的高音喊出"面条"（如果你做到了，请一定把视频发给我）。这样一来，你就把这个典型的数字任务变成了模拟任务。即使你成功打开了灯，但只要过程中出现了失误——不论大小——那你的工作就不算完美。但是，如果你想完成上述所有夸张的要求，你很可能根本无法按下开关。

把典型的模拟任务转变成数字任务：想象一下，你的任务是在5000人面前演讲，大部分人都会把这个任务视为模拟任务，因为你的演讲肯定是介于尽善尽美和一无是处之间的一种表现。但是，如果你把所谓的演讲成功定义成"走上了讲台并传达了信息"呢？我们就这样试一下。如果你走上台，说了该说的话，你就成功了。这样一来，你唯一可能失败的方式就是一句话也不说。即使你的演讲中出现了很多失误，你所得的分数也是1而不是0。非常成功！

你觉得完美主义者会选择哪种思维方式呢？他们绝对会挤满模拟思维的阵营，因为他们追求的是所有细节的完美。但数字任务的绝妙之处就在于你可以完美地完成这些任务。要想成为一个不完美主义者，摆脱对犯错的恐惧，你就要为自己设置一些数字任务，因为你可以轻松地做到"完美"。

通常情况下，人们总是鼓励完美主义者说，要想改变，就要接受不完美，但更现实可行的办法是重新定义所谓"完美"。采用数字任务这个办法，你就可以自然而然地做到这一点。能在5000人面前做演讲，这本身就是一种成功。能勇敢去做，不在乎结果，这已经是非常了不起的成就了。

"完美"是用来形容事物的，所以当有人说自己是完美主义者时，他们是想说他们在很多领域都追求完美。但即使明确了具体的领域，比如"完美主义作家"，这种说法还是模糊不清。是完美的语法吗？还是完美的句式？完美的叙事方式？如果想说"一切都要做到完美"，你必须列举出"一切"具体都包括什么，不然没法设定目标。而这种对完美的模糊追求正是完美主义者常见的矛盾表现，必然会造成荒谬的失败结局。而二进制思维把完美的标准具体化，使其变得更具可行性，也就简化了对完美的追求。它因此令人满意——你可以因为完美地实现了可行的目标而获得巨大的满足感。

二进制思维的应用

下面，让我们换个角度分析一下我曾用来解决认同需求的策略，即"个性化制定标准"（我把能和女孩打招呼作为自己的标准）。其背后的理由是：我害怕在女孩面前犯错，因为我一心想获得她们的认同。

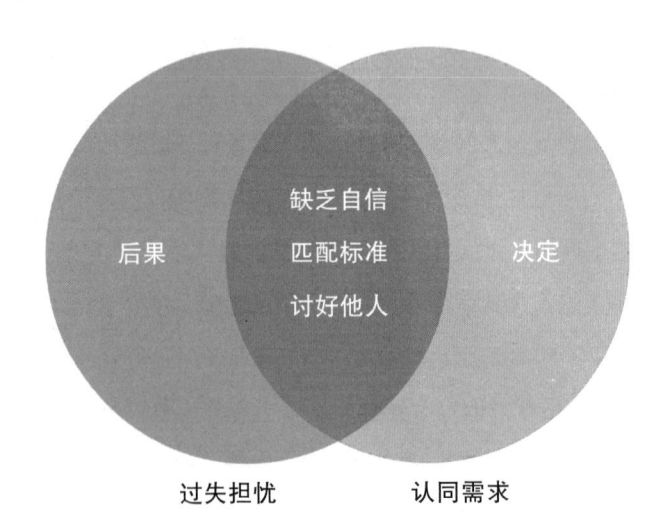

后果　　缺乏自信
　　　　匹配标准　　决定
　　　　讨好他人

过失担忧　　　　认同需求

现在你已经了解了认同需求和过失担忧之间的关联。提升自信可以同时帮你解决这两个问题：自信会让你不过度追求认同，也会让你对你自己的能力更有把握（同时，你也不会过于在意犯错）。在实际操作中，调整你的自信标准和建立数字目标之间并没有太大的差异，主要区别在于关注的焦点不同——前者是为了提高自信，而后者是为了减少恐惧。

我的情况是二者兼而有之，接下来我就讲讲我是如何用二进制思维解决自己的问题的。

以前的我，在女孩面前总是畏首畏尾，总想追求完美，担心出错——说错话，表错情，冒犯对方，外形不好，等等。我之所以能有所突破，就是因为我转变了自己的思维方式，开始用二进制思维想问题。我甚至知道转变是具体从哪一时刻开始的。

有一天，我在杂货店看到一个特别漂亮的女孩，属于以前我完全不敢搭话的那种类型，因为我觉得风险实在太高了，我一定会把事情搞砸。但那时我已经开始考虑二进制思维一段时间了，知道自己应该实践一下，于是，我便给自己设定了一个可以做到的二进制目标。

如果我能张口跟她打招呼 =1。

如果我什么也不做 =0。

那种体验真是太好了，因为那个任务真的非常容易（只要说一个字就行），而且我毕生第一次因为没有强迫自己做到妙语连珠而感到无比轻松。只要完成打招呼的任务，我就可以跑出商店了。就这样，我硬着头皮朝对方走过去，捕捉到她的眼神，挤出了一个"嗨"。她似乎有点惊讶，但也回了我一句"嗨"。我接下来什么也没说，径直走向下一个货架。很奇怪吧？没错！她是不是一头雾水？当然是！我是否依然成功完成了任务？是的。

我知道就其本质而言，我这次任务表现一点儿都不完美，但没关系，我成功了。就如同即使数字信号再弱，只要能成功传输就能呈现完美画质一样，我虽然只是弱弱地打了个招呼，但对我来说这就是完美的成功。

我假装查看食品货架，但内心却在为自己这个小小的胜利感到雀跃。有趣的是，她不久后就走到了我身边，我想一定是我们那只有一个字的对话引起了她的兴趣，于是我问她今天过得怎么样，和她进行了一次短暂而令人愉快的交谈。我没有向她要电话号码，我当时也很紧张，但是整个对话对我来说已经是额外的惊喜了。如今，我搭讪和要号码的水平有了很大提高，我该感谢二进制思维。

为了进一步说明什么是二进制任务以及它的益处，我再来举几个例子。以下这些曾被我们视为模拟任务，但只要我们能转为一种二进制视角，就能获得巨大收益。

发表演讲：你发表了一次有史以来最烂的演讲，是否还能将其视为一次成功呢？当然可以，只要用二进制思维就能做到。为什么不呢？毕竟，这世上没有多少人天生就是能言善辩的演讲高手。没有练习，谁都很难做到。

我一直都说，比起演说，我更擅长写作，确实如此。但是每次遇到视频采访的邀约，我几乎都会接受。每次同意采访和接受采访之后，我都觉得自己取得了成功。如今，经历了十几次采访之后，我敢说，我的表现比起第一次（痛苦的）糟糕经历已经有了几百倍的提升，当然，需要改进的地方还是很多。

如果我一开始就用模拟思维看待这些采访任务，担心自己表现得不够好，那我一个采访都不会接。或者说，就算我不小心接受了第一个采访，我肯定也会在之后纠结于自己的糟糕表现，无论如何也不可能接受后续的邀约了。

参加考试：有很多办法可以把参加考试也当成一个数字任务。考试需要的就是好好准备，所以你完全可以把复习多少小时或是每页复习多长时间作为目标（而不是担心自己能记住多少内容）。至于考试本身，"尽力发挥，把题答完"的态度乃是制胜的方法。如果你每道题都尽力而为，就已经算是成功了。但如果你还是没能及格呢？如果真是那样，担心也于事无补，所以不要担心了。

提高社交水平：交际算是我们从事的活动中风险最大的一个，因为一旦失败，我们就会感到孤独，好像无法在世界上找到自己的位置。然而大千世界，只要勇于尝试，每个人都能找到适合自己的圈子。

如果你天生害羞，我可以再给你加一条规则：每当你觉得自己应该与人交际但又心生恐惧的时候，你要做的就是站在对方面前，对着他/她说话。你可能结结巴巴的，显得很傻，但你做了重要的事——练习。害羞的人总希望不用通过练习就找到让自己健谈的"绝佳方法"。其实"面向对方，开口讲话"是最为简单、有效的方法。你越勇于尝试，就越能通过反馈学到表达和与人沟通的方法，与人对话时也就越自在和纯熟。

我之前就说过很多次，我是个一见到女孩就脸红的人。但接下来，你将看到二进制思维给我的想法带来的改变。

作为一个完美主义者：我要先跟她说什么呢？她知道自己很漂亮，恭维她的相貌会让我看起来和其他人没什么不一样。但我又想说些好听的，让她知道我对她的好感，那样会不会显得我太着急？或许我应该跟她开个玩笑？开什么玩笑呢？我不想用那些老套的台词。但那些话的确很有趣，她没准会喜欢。……我还在想主动搭讪会不会太尴尬的时候，却发现她五分钟前就走了。

作为一个不完美主义者：只要开口，我就赢了。说声"嗨"就行。

什么是自由？就是你走向一个女孩，哪怕被自己绊了一下，紧张到咳嗽了三次，结结巴巴说出第一个字，但只要你开口了，你就成功了。

这种做法的另一个好处是关注点的改变。很多时候，我们慌张的原因是考虑了太多的变量，担心出错（即模拟思维模式）。我应该跟她说什么？要是丢脸怎么办？要是她已经名花有主，我不就是在浪费时间？这些细节我们都不得而知，所以在我们行动之前，它们真的无关紧要。让我们停止内心的各种假设，采用二进制思维尽快行动起来，在实践中去发现细节的真相吧。

错误有大有小

洗衣服是一个绝佳的二进制任务，这听上去或许有点奇怪。洗衣服这件事，我特别不在行，每次把洗好的衣服拿出来时，我总会掉一两件到地上。前不久的一次，洗衣机刚开始转，我想把洗衣篮放回原处时，却发现我漏洗了一只脏袜子。可以说，我犯了一个错误。

漏洗一只袜子这样的错误并不会给我们的心理造成多大的伤害，为什么？因为错误有大有小，对人造成的影响也不同，但这是为什么？

令人困扰的并不是犯错这件事本身（如漏洗袜子、没碰到开关之类），我们之所以感到恐惧，是因为错误意味着我们是怎样的人。当然，这种担心没有任何道理，希瑟·德尼登就用她的亲身经历告诉我们，即使犯了错，她也能夺冠。所以错误并不能定义我们，也无法决定我们的未来，真正发挥作用的是我们对错误的反应。

虽然不是所有错误都会给人带来同样的感受，但我们对待所有错误的态度应该是一样的——吸取教训，继续前行。或许有一天，我能做到一只袜子也不漏掉；但即使做不到，我也不会因此放弃洗衣服。

简化可消除完美主义和恐惧心理

数字任务会简化我们的目标（打开开关 =1，发表演讲 =1，不作为 =0），而完美主义者的恐惧则导致他们终日纠结于复杂的想法中无法自拔。在脑中把所有可能的犯错方式过一遍，会耗费我们很多心力。这种胡思乱想对他们很有用，因为对各种错误的假想给他们造成的巨大的压力和恐惧会驱使他们只从事自己有把握的活动，因为只有这些事才能让他们找到心理安慰，直到下一个循环开始。现在你明白为什么我说完美主义是拖延症的罪魁祸首了吧？

导致拖延症的深层原因不是懒惰，而是过于复杂的目标以及随之而来的恐惧心理，而二者正是源自完美主义心态。

二进制思维是不完美主义的核心理念，可以有效缓解你对过失的担忧。在这种思维下，错误不再给你一种错误的感觉。二进制思维可以赋予你强大的力量，因为它剥夺了你的"借口"，让你远离各种拖延行为，如看电视。因为行动目标已被简化，你再也没有任何借口去逃避，只能勇敢去做。

拿运动为例，你不需要以万事俱备为前提。如果你认同这一点，你就自动放弃了各种借口，比如没精神、设施不好、时机不对、地点不当，等等。既然是借口，就是说它们并不代表你的目标不可能实现，只是意味着条件不够理想罢了。如果你叫停自己对"完美"运动的需求，那你的运动就变成了对借口免疫的活动。这样一来，"只要做了就是胜利"的心态就成了推动你前进的巨大动力。

二进制思维只在乎事实——发没发生？而模拟思维却更为主观，关注太多方面——质量、影响、感受、过失，以及最主要的，是否接近完美。多多尝试二进制的方法，经历不断的学习和锻炼，你就一定能够心想事成，完全无须担心过多的细节因素。

通过简单化来消除阻力

总体来说，人们把犯错看成一种倒退，但是对拥有二进制思维模式的不完美主义者来说，在向"1"前进的道路上，我们犯的所有错误都可以接受。我希望大家能记住这个可以改变你人生的概念：**只有把目标简单化，才能容易获得成功，走进"成功的良性循环"。**

环顾周围，你经常能看到人们陷入类似抑郁－消极－抑郁－消极、内疚－暴饮暴食－内疚－暴饮暴食、疲惫－怠惰－疲惫－怠惰这样的循环。这些恶性循环之所以比比皆是，是因为它们是阻力最少的默认路径。我们很容易走上这样的路径，因为我们喜欢省力的方式。这也就是为什么自从我改变目标的设定，让成功成为家常便饭后，我的人生也发生了翻天覆地的变化（许多读过《微习惯》的读者或许也有同感）。

虽然人类有很多优点，但不可否认，我们都喜欢走阻力更小的路。诚然，我们有时也会选择艰难道路，但那需要付出巨大的精力和意志力！我生活在美国，我们的整个社会就建立在把困难的事情简单化的基础上。我们把衣服扔进洗衣机这个神奇的盒子里，衣服会干干净净地出来。我们把脏盘子放进另一个神奇的盒子里，它们也会干干净净地出来。微波炉是另一个几分钟之内就能准备好餐食的神奇的盒子。电视机是让我们可以换位体验其他人的精彩人生的神奇的盒子。这些神奇的盒子之所以广受欢迎，就是因为它们让我们的生活更加轻松。

我们都喜欢轻松，强迫自己做艰难的事并非长久之计，因为我们内心是抵触的。所以更好的办法是把困难的问题简单化。只要有了这个认识，你就会理解为什么当我开玩笑般定下每天做一个俯卧撑的目标后，我的健身计划（和我的人生）却发生了质的变化。因为我的目标很容易做到，简直太容易了，即使我想不坚持都难。这个目标颠覆了我对健身的认识，没过多久，我就彻底放弃了对所谓完美健身的追求。

要想一直成功下去，秘诀之一就是将无数小目标与二进制思维结合起来：每天一个俯卧撑=（二进制的）1=成功。二进制思维给成功下了一个新的定义，让你重新认清所谓完美，而无数个小目标又让成功变得唾手可得，也就因此打消了你所有不作为的借口。

富人会更富，懒人会更懒，自信者会更加自信，健美者会更加健美，肥胖者会更加肥胖。世间的事大多如此。如果你正在为陷入抑郁、焦虑、暴饮暴食、羞愧这样的恶性循环而苦恼，那么你已经懂得负能量的巨大危害。哪怕是再强大的人也会被它折磨得万念俱灰。我要告诉你的是，让人们陷入恶性循环的原理同样也可以让你进入通往成功的良性循环。

只有把目标简单化，让成功变得比失败更容易，你才能走进"成功的良性循环"。

视进步为成功

从完美主义者转变成不完美主义者的过程中,你会面临的一个巨大的挑战就是如何不让自己有降低标准、委曲求全的感觉,毕竟,我们都觉得这样是不对的。二进制思维是重新定义成功的方法之一,除此之外,还有许多其他办法也能帮助我们增加行动、减少恐惧,最终提高生活质量。

从某种特殊意义上说,不完美主义者其实也是完美主义者。**不完美主义者期待的不是完美的结果,而是完美的进步和持续发展**。你每天都能有所进步,这不算完美吗?你能每天记录下自己不间断的进步,这不算完美吗?只要坚持,哪怕每天只有很小的进步,哪怕这些进步存在瑕疵,累积下来,也会产生惊人的效果。

大部分人都已经意识到,人生的关键是做正确的事。这不是说让你成为一个工作狂——人生并不止于此。所谓正确的事,可能是指在需要"充电"的时候放松地去看一部电影或补个午觉。放松是和谐、幸福人生的重要部分。与此相对的是毫无主见、终日随波逐流的消极生活方式。

进步即成功

即便我绊了一下,摔了个嘴啃泥,我也还是比原地不动前进了一些。一次行动——不管多么不起眼,多么问题重重——只要能够对你有所帮助,就是有益的。可是这个无比简单的道理在完美主者心中却遭到了严重的曲解。我之所以敢这么说，是因为我之前就是一个完美主义者，这是我本人的切实感受。

因为完美主义者对成功的定义有误，即使当天已经做了80个俯卧撑，他们还是因为没有达到设定的100个而沮丧。他们的身体得到了锻炼，但他们未来的进步空间却因为这种想法而受到了损害。如果你总是因为做不到完美而自责，短期内你确实会有进步，这也正是许多人这样做的原因，但是长期来看，你是在摧毁你对自己的价值和能力的认同。即使伤害不大，你也可以把它和珍惜自己的每一点进步的思维相比，看看情况会不会有所不同。

自我惩罚带来的动力很难撑过一个晚上，但是自我鼓励的力量却可以延续一生，而这种力量可以通过一个巧妙的办法轻松获得。

通过应用微习惯策略，我发现懂得珍惜一切微小进步能让你活得更幸福。当然，同时我也发现，很少有人能有这样的正确心态。只要愿意接受这样的想法并多加练习，我们就会逐步摆脱"不够好"的心理障碍。这种策略不是让你降低标准，而是让你重新定义成功，成功应该是进步的过程，你提高的应该是关于坚持多久的标准。

一旦对这个想法有了深入理解，哪怕每天只做一个俯卧撑，你也能感到满足。当然，我们一辈子都在为"正常目标"而努力，可能不适应这样的想法，但是，只要你行动起来，你就一定会喜欢上那种每天都能收获成功的幸福感。

点滴式成功更宝贵

从我们呱呱坠地开始,社会标准便训练我们要追求大获全胜的感觉。读书时,我们学习一整个学期就是为了最后的期末考试,希望能取得 A。走出校园后,我们接受工作面试,也总是以最终能找到一份出人头地的工作为荣。因为看到有人将目标设定为减重 25 千克,又总能听说有人做到了,我们就天真地以为那才是所谓成功——前期的大量投入就是为了最后能一举获得丰厚的回报。

只要回答一个简单的问题,你就能理解上述想法的不足:不论做什么事,如果每次只做一点点,那你是不是会想做更多?乐事薯片有这样一句广告词"你不可能只吃一片",这是因为人性使然,在体会到成功的快感后,我们是不会舍得停下来的。我们对成功的欲望就如同鲨鱼嗜血!乐事明白,品尝到一片美味的薯片就如同体会到了成功的快感。(回报),你一定会想要体会更多,不想就此停止,这就是点滴式成功背后的逻辑。

有些人认为,要想有所成就,就必须设定一个够大的目标,比如想每天做 20 个俯卧撑,那一开始就要把目标设定到 20 个。截至今日,已有好几千人采用微习惯策略证明了这一理论的错误所在,也已有好几百人与我分享了不断超越最初目标的快感。

虽然社会文化给我们造成了误导,但事实上,成功本来就不是一蹴而就的事。成功的本质就是点滴进步的积累。即使有人体会过一举成功的兴奋,这也绝不足以激励他们迈向更高的巅峰,毕竟,我们每天都需要燃料来支撑我们当天的进步。

在这里，发挥作用的还有另一个因素，那就是自主性（自由）。所谓自主性，就是你能掌控自己的决策，并愿意承担相应的后果。如果你设定了一个过于宏大的目标，你就把主动权交给了目标本身，而丧失了自己的掌控力。面对高高在上的目标，你完全臣服，俨然成了它的奴仆。更可怕的是，你制定目标的过程可能非常武断，或者只参考了社会规范，却没有考虑到自己的实际情况——比如，你的目标是减重 25 或 50 千克，你每星期都去健身房好几次，要完成一个健身计划，等等。这样一来，目标就成了你的家长，每天监督你不能偷懒，而理由就是"计划如此"。而你也只能硬着头皮，遵照一个月以前制定的、你已经感到乏味的目标，痛苦地坚持。

你有没有发现，其实这是一种隐性的自我惩罚？与所有的自我惩罚一样，这种方式可以在短时间内奏效，但很快你就会产生逆反心理，潜意识随时会高呼着跑出来揭竿而起。对儿童来说，叛逆会表现为一时的情绪激动，但对成年人来说，叛逆的做法就是放纵自己看电视，无谓地在网上浪费时间，或是找出各种办法回避目标。

重新定义成功，将其视为进步，点滴的进步就会成为成功的标准。这样一来，你将源源不断地获得成功的快感，从而为自己取得更大的进步奠定坚实的基础。

IMPERFECT-IONIST

第 9 章

行动顾虑

> 一个下周开始的完美的计划，不如一个即刻开始的不错的计划。
> ——乔治·S. 巴顿（George S. Patton）

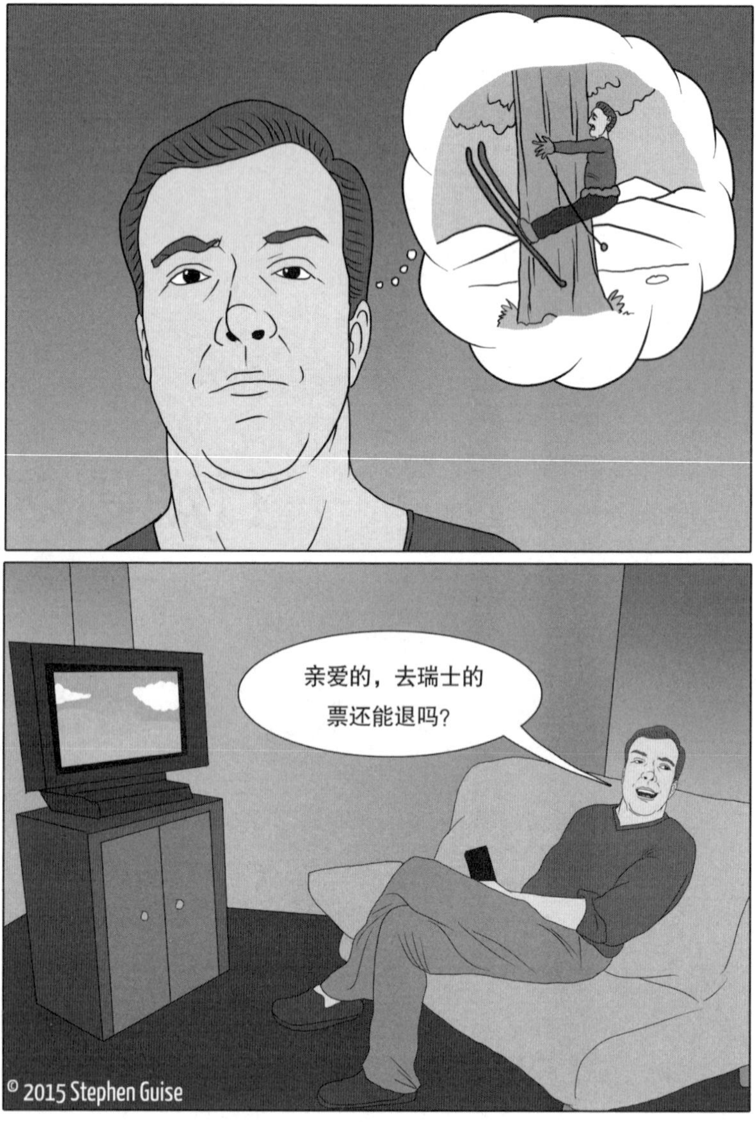
亲爱的，去瑞士的
票还能退吗？
© 2015 Stephen Guise

拒绝预设，重在体验

假如你对自己未来的打算或即将做的事情有任何顾虑，你该如何应对？自然是延期行动，直到有了十足把握再说。

预设是人们对某些行动产生顾虑的主要原因。所谓预设，就是对可能结果的预判或想象，但预设往往并不准确。你是否有过这样的经历：在做某些需要努力才能完成的事情之前，你已经在潜意识里把它定性成了难度极大、令人心烦的任务？你之所以有这种想法，背后是有原因的。

潜意识的一个重要特点就是它对变化的反感，不仅如此，它还会想办法影响你的意识，让你认同它的立场，其中一种方法就是让我们对还没发生的事情产生不准确的预设。我清楚地记得自己希望每天完成 30 分钟健身任务的时候，当时我感觉这个任务完成起来实在太艰难、太痛苦了，似乎也看不到什么回报。相反，当我设定的目标是一天一个俯卧撑，最后再慢慢加码成每天 30 分钟的运动，那我就会发现自己最初的预设根本不准确，运动这项任务不仅难度不大，而且令人心情愉悦，运动后会产生很强的满足感。

让完美主义者做预设是非常困难的一件事，因为他们的预设总是会夸大行动的难度，完全不切实际，和他们的完美理想相比是另一个极端。就算他们的预设能从实际出发，对他们来说也是个问题，因为他们期盼、渴求的永远是完美，这就会导致他们迟迟不愿采取行动。不论是对决定还是行动的结果进行预设，总有些因素会影响你的行动。

从经验中虚心学习

预设的问题是它过于理论化。你可以做一辈子的预设，但要想知道事情究竟会怎么发展，唯一的办法就是亲身实践。一旦开始实践的过程，你就会发现，最初的预设存在很多问题。对这些问题进行总结后，未来的你就可以尽量避免被错误的预设蒙蔽。

每次运动后，我都会把真实的结果和我最初的预设做比较。时至今日，我发现真实的结果每次都要好于预设。如今，每当我不想锻炼，又开始预设的时候，我就会拿出过去的经验来与之抗衡。我的亲身经历是，我的预设总会以为即使在运动中，我的精力也会维持现有水平；但事实上，一旦开始运动，血流就会加速，运动本身也就成了一件更轻松的事，因为你的身体"模式"已经从静态转换成了活跃。这类因素在预设阶段往往会被人忽略，但即使知道真相如此，我们还是很难在预设时想到这点。

包括我在内的一些人之所以能从害羞内向转变成擅长交际，就是因为会强迫自己与人交往，并从中获得经验。过程中，我们慢慢发现，事情并不像预想中那么可怕。

你以为我最初会预想到自己的第一本书能成为国际畅销书吗？当然不可能。虽然我对书的内容价值本身很有信心，但撰写的过程中我也要克服许多消极预设,比如:我投入几个月的精力去写这本书,结果出版后可能根本没人愿意买,而且,如果我再不找一份正经工作,我恐怕就要露宿街头了。我知道最好的验证办法就是用心把这本有价值的书写好,认真做营销,最后才能知道其结果。于是我就这么做了,并从此改变了自己的人生。

如果你假设"我永远无法靠[在这里填进你理想的职业]养活自己",那你可能都不会尝试一下。如果你已经做出尝试并经历了失败,请记住,你需要做的是认真总结经验教训、仔细分析偶然和失败的因素占比。大部分追求理想的过程都包含了大量的偶然因素,需要多次努力才可能成功,也就是说,以"体验过一次就可以了"为借口,失败一次就彻底放弃,实乃大错特错。

预设很容易做,也很常见,但其实它不过是你用来逃避采取实际行动来找出真相的一个蹩脚的借口。

要想对预设有深刻的认识,你可以先把自己的预设记录下来,采取实际行动后再把真实的结果写下来。我保证,经过对比,你一定会有所发现。

如果你实在不愿意写下来,那就留意你做过的预设,思考一下你是如何看待你生命中某些重要领域内的任务的。要是一时不知从哪里开始,就从你平时会抵触的事开始,比如运动、工作任务、家务活、回复邮件、读书、人际交往、写作、学习语言、练习乐器等。这些让你产生抵触情绪的事情都会给你很大的预设空间,因为你越是感到阻力,就意味着你的潜意识越不愿意做这些事,因此它才会在你的脑中种下怀疑的种子，让你对可能的结果产生偏见，最后使你按照它的意愿放弃尝试。

有时候，你的预设并不清晰，你可能只是感觉自己不会喜欢做某事，或做某事可能会引发不好的结果，至于哪里不好，你也不清楚。这种模糊的预设最糟糕，因为模糊的问题通常比具体的更难解决。但你还是可以将自己模糊的预设与现实结果做比对，看看它们是否准确。

你的某些预设确实可能成真，如果是这样，那你至少可以了解自己的真实情绪，比如说（像我就是）真的特别憎恶割草。或者，如果你真的讨厌运动，但出于健康考虑又觉得有必要，那你已拥有足够多的信息帮助自己解决这一问题了——找出关于运动你不喜欢的因素，然后制定一个计划，尽量减少相关内容的影响。

完美主义与拖延症的关联

如果你对行动有顾虑，你会如何应对？很可能什么也不做。拖延症就是人们针对顾虑最常使用的对策。

关于拖延症，每个人都有自己的理论。
- 那是因为那项工作令我们害怕
- 那是因为我们要做的事已经把时间都占满了（帕金森定律）
- 那是因为我们玩手机游戏上了瘾

各人有各人的情况，拖延的原因也不尽相同，但列举具体原因不一定能帮我们有效解决问题。我们还是先来看一下拖延症的内在机制，找出其根本原因吧。首先，我们知道拖延症是指无法及时做出决定去行动，或是无法根据决定采取行动的情况。既然都是先有决定才有行动，那我们就先来讨论一下做决定这件事。

陷入考虑阶段无法自拔

拖延症有很多定义，但对我们来说最有帮助的定义是：迟迟无法进入实施阶段的状态。

我们做决定时，都是先思考（权衡利弊）然后才实施（做出行动）。我们会对行动产生顾虑，并不总是因为行动起来不划算——更多的时候是决定这一过程本身的问题。选择做一件事就意味着同时要放弃另一件事，想到这一点，有些人就感到为难，因为他们害怕自己没能做出最佳决定。

如果你能下定决心去完成一项任务，你就会从思考模式转换到实施阶段，开始行动。凯斯琳·沃斯（Kathleen Vohs）和罗伊·鲍迈斯特（Roy Baumeister）曾经表示：

> 从第一个心理阶段过渡到第二个阶段，需要我们结束思考的过程，开始根据选择来行动。[……]哲学家约翰·希尔勒（John Searle, 2002）曾经详细讨论过二者的区别。他认为，理性分析需要一定程度的自由意志（或对行为的有意控制），因为如果我们不根据分析结果采取相应的行动，那理性分析就失去了

实际的作用。希尔勒进一步强调说，人们可以为某种行为找出无数个该做的理由，但可能还会选择毫无作为，这一点就说明，思考和选择是两个完全不同的步骤。

这段话说得有点绕，其本质是在说，拖延症患者无法投入地采取一种（有价值的）行动。他们始终无法摆脱谨小慎微的心态。你可能会说，那是因为他们选择了其他活动，但那依然意味着他们没能投入之前那项有价值的任务，而是选择了其他来代替。

了解了这一点，我们就需要面对另一个问题了：为什么拖延症患者总是在重要问题上拖延？

完美和恐惧导致本末倒置

完美主义和恐惧谁引起了谁，取决于不同的人。如果你感到害怕，那么你脆弱的心态就会迫使你把事情做到尽善尽美（或者干脆放弃）。如果你一直追求完美，凡事皆期待最好的结果，这种压力就会导致你产生恐惧心理。完美主义和恐惧心理真是天造地设的一对。

鉴于我们面对的大多数重要任务也是最令人恐惧的，恐惧往往会驱使我们选择零风险或无意义的替代任务来把时间填满（即让我们轻重不分、本末倒置）。到时候，你会把时间放在打无聊的游戏或浏览社交媒体等没用的事情上，好像这些事非做不可一样，而把真正重要的事放在了一边。

许多人都把完美主义当成借口，把它作为掩饰自己恐惧的面具。面具下的那个你害怕面对我们其实事事不完美的现实。（注意：我这里说的不是那些患有临床意义上的强迫症的人群，那完全是另一种情况了。）

我们之所以说完美主义可能毁了你的生活，是因为它会让你丢了西瓜拣芝麻。下面我们就来分析一下它和拖延症的关联。

拖延症（即滞留在思考阶段的状态）的虚假好处是，它维护了完美的幻想。你只有迈出实际的一步，说"我要开始动手写书了"，才会开始接受一系列不完美的状况的洗礼。这一阶段的不完美可能包括许多状况：精力欠佳，思路匮乏，没有写作动力，不在状态，或是不管什么原因导致的创作信心不足等。行动之前，似乎要万事俱备后，你才会进入完美的状态，获得完美的思路，产出完美的结果。只有行动起来，你才会被现实所打败，直至发现一切并不简单。

虽然我们都知道要想有所成就，必须经历艰苦而并不风光的奋斗，但我们对工作和人生的完美的幻想还是挥之不去，因为那是我们出自感性的渴望（而非理性的需求）。现实生活中，不管是工作条件还是工作结果都不可能完美。就在我写这部分内容的时候，我的猫一直在我腿上和身上磨蹭。这对创作效率来说肯定是个不完美的因素，因为猫抓得我很痒，让我哈哈大笑，但是我还是坚持（尽我最大的努力）继续写作了。

要想把事情做好，有一个办法就是向已经做得很好的人学习。电影中的英雄人物在面对死亡时，总是能表现出视死如归的勇气，你是否也发现了他们是如何做到从不拖延的？

来自好莱坞的经验

电影中主人公无畏的气概与当机立断的行事风格总是相辅相成、密不可分的。

詹姆斯·邦德（他肯定不算不勇敢）的心理活动可能是"嗯……或许，我们应该……不对……嗯……我也不知道该怎么办"吗？不，他不会这样。他一定是还没等我写完这几个字，就已经快速、自信地做出了决定。有时，他的决定也是错误的。（不完美），可能让他被三个人用枪指着头，但你猜他接下来会怎么办？他总是会被编剧救出来。好，不说编剧，还是来看看邦德本人吧。他总能随机应变，转危为安。如果你成了一名真正的不完美主义者，随机应变也会成为你的武器。也就是说，你会努力让自己化险为夷。

这不就是人生的关键吗？行动起来，随机应变，转危为安。比起原地不动，非要等到有了十足把握才有所作为，随机应变才更令人兴奋，成效也更显著。

如果你愿意在不完美的条件下做出不完美的决定、采取不完美的行动，你就能够克服拖延症的毛病。

你在各个阶段都可以接受自己不完美的表现，任何理由就都无法成为你拖延的借口。同时，你也不必再害怕失败，因为失败不过是过程的一部分："我知道前路并不完美，但是我愿意勇敢前行。"

完美决策者的痛苦经历

我想给你讲两个人的故事,一个是完美决策者(PDM),另一个是不完美决策者(IDM),两个人都想找女朋友。我们分别看看他们会遇到什么情况。

第一回合

IDM 走到一个女孩身边,问对方可否做自己的女朋友。对方退后一步说:"不行。"

PDM 远远地观察着一个女孩,想象着一个浪漫的情境:他叼着一支玫瑰,攀着一根藤蔓荡进花园,邀请对方与自己共舞。女孩开始思考他是谁,然后招呼真人乐队奏乐。他们纵情舞蹈,完全忘记了时间,直到太阳收起它那最后一道余晖。落幕。

第一回合:PDM 胜。首先,他没有遭到拒绝;其次,他在内心憧憬了一次美好的约会。

第二回合

IDM 走到一个女孩身边,对她说:"你好。"她回答说:"嗨。"然后对话就结束了。她飞快离去,就像要赶着去见总统。

PDM 看到一个女孩,内心盘算了好几段聪明的开场白:

"我喜欢你的鞋。"——不行,这太刻意了,明摆着是要献殷勤。

"今天天气真不错,是吧?"——绝对不行,这种无趣的闲聊怎么可能打动对方。

"你第一次来这里吗?"——这话听起来像一个变态跟踪狂会问的问题,绝对不能问。

第二回合:PDM 胜。他避免了说错话,也不用面对女孩匆匆离去的尴尬。

第三回合

IDM 走到一个女孩身边,面带微笑。对方也对他笑了笑,两个人对视着。IDM 对她说:"嗨,你好吗?"对方回答:"很好,你呢?""看到你就好多了。"他傻笑着说。结果对方扇了他一巴掌。

PDM 看到一个女孩,朝对方微笑。发现女孩也看着自己,PDM 将目光移开。"她发现我看她了,"他心想,"或许她对我也感兴趣,但是如果我盯着她看,她一定会拒绝我。我还是等她先看我的时候再行动吧。再说了,这里是杂货店,根本不是一个浪漫的地方。"

第三回合:PDM 胜,胜在没有被扇一巴掌。

三个回合下来,让我们看看结果:哇! PDM 是绝对的胜利者,相反,IDM 则犯了太多尴尬的错误。比赛到此结束。什么?我听到有人吵着说要再来一个回合。奇怪,我们不是已经知道谁输谁赢了吗! PDM 没有做出任何糟糕的决定,不是吗!不过好吧,我们再来一个回合。

第四回合

一个女孩走近 IDM，对他说："嗨，我也是弗吉尼亚大学的，你是哪年毕业的？"他们聊了一会儿。IDM 认真总结了过去失败的经验，没有直接请求对方做自己的女朋友，也没有开任何不得体的玩笑。他只想展现真实的自己，而现在他也已经能自如地和女孩聊天了。她给了他电话号码，他们的第一次约会就很棒（周围环绕着《阿凡达》里那种飘来飘去的东西）。

一个女孩走近 PDM，对他说："嗨，我也是弗吉尼亚大学的，你是哪年毕业的？"整个对话过程中 PDM 特别紧张，因为他不知道该如何跟女孩聊天。之前，他在心里做过上千次的演练，可是这次跟他之前想象的都不一样。由于紧张，他说了很多本来不会说的话，整个过程中都显得局促不安。后来她说要离开，因为还有个会要开。真有才怪了。

第四回合：PDM……喂，稍等一下，怎么回事？这一回合竟然是 IDM 赢了？这怎么可能？

非常可能。在 PDM 忙于筹划完美计划的时候，IDM 已经用实际行动积累了许多经验。完美决策者的最大问题就是：**就算是一台完美决策机器，也不可能用不完美的数据做出完美的决定**。要想做出完美决策，所用的数据必须绝对精确。但最重要的数据只有通过不完美的实验才能获得，这是每个一心只想做正确决策的人必然会遇到的难题。

我们一直像追寻梦寐以求的圣杯一般对待正确决策，但不完美决策者之所以成为最后的赢家，并不是因为他们的决策有多正确，相反，不完美决策者比完美决策者犯的错误多得多。但如果你犯的错误不会对你造成永久的伤害，就会反过来给你很大的帮助。IDM经历的每一次拒绝、每一记耳光都为他提供了更多的信息，教会他该如何展示自己，让他未来的交流更加自如。回头审视，他做的那些糟糕的选择，到最后都成了最好的选择。假设如此，现实生活也是如此。

你遇到的各种情况越多，你的外壳就越坚硬，你对疼痛和恐惧也就越不敏感。对每五年才被女孩拒绝一次的人来说，痛苦感要比每星期都被拒绝的人强烈得多。对经常做演讲且每次都做得很糟糕的人来说，内心的消极感触比起第一次演讲的新手要弱得多。我们的大脑就是这样运转的，正如心理学家尼克·弗里查（Nico Fridja）所说，"持续的乐趣会逐渐消退，同样，持续的苦难也会让人逐渐失去痛感"。

如果你被任何形式的顾虑阻碍了行动的脚步，那么你的人生将失去意义。相反，如果你拼尽全力追求自己的梦想，就一定会想到解决办法。尝试并犯错才是经得起时间考验的进步途径。

如果无法摆脱行动顾虑的困扰，培养哪些方面的技能才能对这一问题有直接的帮助呢？之前我们讨论过，拖延症患者总是无法从过度思考阶段脱身，因为他们不仅对自己的想法存疑，而且还担心它不是眼下最好的选择。针对这种症状，以行动为基础的办法最简单易行——快速决策。

快速决策这一技能一直没有得到重视，但其实它非常有用。与其他技能一样，只要练习，你就能熟练掌握，快速消除妨碍你做出重大决定的狭隘顾虑。接下来，我们就来看看如何快速做出决定吧。

快速决策

做决定总是很难，因为这个过程包含了太多变量：时机、难度、回报、风险、其他选择以及各种期待等。此时此刻，如果你需要在写故事、做运动和弹吉他之间做出选择，表面上看起来确实是一件非常复杂的事，大脑面临着非常艰难的任务，需要找出决定某一选择是"最佳选择"的关键因素。而且，问题还不止于此。

你可能会评估出，此刻弹吉他是最好的选择，但你还记得之前我们讨论过在思考与实施的两个步骤中，完美主义者是如何纠结于"完美选择"而犹豫不前的吗？**如果你一直犹豫不决，完全无法进入实施阶段，那你很可能又会回到第一阶段，陷入无数复杂的变量细节中无法自拔。**更糟糕的是，这很可能成为你的习惯。

事实上，你完全不必陷入过度思考的怪圈，相反，可以培养一种速战速决的习惯，设法快速进入实施阶段。我们做的所有决定，最终都是为了实施。实施就意味着行动，行动就意味着学习和进步，而只有学习和进步才是通往成功的路。

我并不是在鼓励莽撞行动，而是在分辨在什么情况下沉迷于思考对我们是无益的。

只要你意识到做某事的好处大于坏处，就应该立刻开始行动。只要你不是在做其他更重要的事情，你就应该立刻行动，千万不要想着先吃个零食再说，也不要去看社交媒体。这些事属于心理残渣，会让你完全忘记最初的想法，迫使你重新进行一遍思考。

这就是克服拖延症的关键办法，但要说清楚也并不容易，因为整个过程都是在你自己的大脑中进行的。你很可能会想，"哦，太好了，我应该花时间去健身"。**于是你做了决定**。如果你有时间健身，而且也确实打算去做，那过度思考并将它与你可以做的其他任何事比较就没有任何意义了。最近，我一直在练习快速决策的技能，也确实能做到比以往更快地采取更多行动。一个有效的办法就是把自己的脑子"关掉"，没必要的时候，不要任由自己过度分析。

大部分决策无关紧要

想象以下情景：三个人各自拿枪指着对方的脑袋，陷入对峙的僵局。你觉得在这种情况下他们应该尽快采取行动吗？或许不应该。如果其中一个人抢先开枪，那他的这个决定将会带来巨大风险，而且可能没有任何好处，至少有一个人会丧命。在这种情况下，审慎的思考是必要的。

回到我们生活中的场景，我们经常做的决定无非是关于读书、写作、报税、运动以及和朋友聊天的，而这些事的共同特点就是风险都很低，机会成本也十分接近，也就是说，根本不可能做出错误选择。我从来没有在洗衣服后痛哭流涕，更不需要花好几天的时间来平复悲痛。可是即便这样,我们还是很容易在这些事情上犯拖延的毛病,为什么呢?

综合考虑我们之前讨论的所有因素,答案已经不言自明:**我们(习惯性地)以为,既然我们的大脑是一部强大的分析机器,我们就应该用它去做一切无关紧要的决定。**

在做一些重大决定,比如考虑结婚对象、权衡按揭贷款的方式以及选择职业方向时,我们具有强大分析能力的大脑确实很有用。但在做简单决定时,大脑并不能给我们多大帮助。

如何运用这一发现打败拖延症

我们的精力应该被用在那些一旦做出错误选择就会带来真正风险的事情上。该洗衣服还是弹吉他这样的小选择根本就没有所谓对错之分,除非你已经没有干净袜子穿了。如果你纠结于晚餐是该吃牛排还是三文鱼,那我建议你选三文鱼,不过无论如何你都不该在这样的事情上浪费决策的精力。如果你要选择一种方式来消磨时间,在你觉得不错的主意中任选一个就可以。

但是,如果想做到这一点,你必须要做到以下几点。

- 接受不完美。
- 思考错误决定可能带来的风险和后果(通常情况下风险是零,那你也就没有任何压力非要做出"正确选择"了)。
- 简化思路,不要过度思考每个选项。如果该项活动 = 好事,那就去做。这种思考问题的方式就像原始人的一样简单,但非常有效。

当你当机立断地做出决定，迅速进入行动模式，节省下来的时间和精力可以让你做更多喜欢的事。大脑中负责决策的部分是前额皮质，而决策本身又是一个耗费精力的任务，所以如果我们能加速这一过程，就能节省大量精力。

拖延到最后一刻

你可能会考虑存在一个截止日期的情况，这时，你对时间节点有明确的认识，但在很多时候，你还是会拖到最后一刻，这种现象与之前我们讨论的情况并无二致。虽然你已经非常清楚在某个特定日期前你必须完成目标，但没有明确要从何时开始，于是这项任务就被淹没在众多其他活动之中。

下面我将介绍两个方法来解决这一问题。

方法一：短期的解决办法是制定分阶段计划，这个办法简单却有效。

方法二：要想永久解决这一问题，你要对自己进行改造。每当你感觉应该开始做这项任务时，你就要真正行动起来（彻底结束思考阶段）。千万不要翻来覆去地想，要付诸行动。这样反复训练足够多次，你就能养成一种全新的做事习惯。这样做还会带给你一个额外的好处——快速决策的习惯会让你给他人留下一种自信、无畏的印象。

如果你能降低行动的标准，快速决策就会变得更容易了。我们在第五章（过高期待部分）讨论过降低标准的问题。我最近读了一篇博文，整篇文章是作者在手机上完成的。他当时在公交车上，到了该发博客的时间，但他没带笔记本电脑，于是就选择了手机。大部分博主——包括我本人——都有一个共同标准，即"我如果没带笔记本，就没办法发表博文"。但这位博主降低了行动标准，从而在不理想的条件下也做出了一个高效的决定。如果他固执坚持旧有标准，很可能会纠结该不该用手机写博客，浪费很多时间和精力。

两分钟原则

要想缩短无效的思考时间，一个可行的好办法就是戴维·艾伦（David Allen）在《搞定：无压工作的艺术》（Getting Things Done）一书中提到的"两分钟原则"：如果做一件事只需要两分钟甚至更少，那就根本没有思考的必要，做就是了。因为在这种情况下，所谓思考只能耗费更多（前额皮质发挥分析作用时需要的）认知能量，从而导致效率低下。这是个聪明的办法，因为对那些两分钟之内就能完成的事情，过分思考根本毫无意义。

花两分钟甚至不到两分钟就能搞定的事情包括：
- 打扫你房间的地板
- 给洗衣机下达清洗、烘干和分类中任一指令
- 倒一杯水
- 写一封邮件并发送
- 完成一个微习惯

我们再来回顾一下快速决策的要点：

1. 审慎对待真实存在的风险。

2. 面对一项任务，要尽量做到当机立断，以尽快结束思考阶段（你需要降低行动标准，放弃对"最佳选择"的执着，寻找"可行"的办法）。

3. 遵循两分钟原则，减少无谓思考。

4. 实践上述三条建议，你就能克服拖延的毛病，凡事做到当机立断，迅速行动。

信息越多，问题越多

顾虑会让人们去寻找更多信息来支持自己的决定。在灰色地带，更多的信息会帮助你找到方向，这种情况似乎给了拖延以借口，有时会让拖延行为看起来很有收获。

如果你感觉需要获取更多信息帮助自己做决定，你很可能就暂时不会做决定。具体情况可以分为以下两种。

1. 你确实可以获取更多信息，而且在它们的帮助下轻松做出了选择。

2. 你根本无法获得更多信息，或即便得到信息，它们也不会对你的决定有任何帮助。

当你发现自己又顾虑重重，迟迟不采取行动时，问问自己属于上述哪种情况。事实上，暂时不做决定永远不是好选择，因为即使你真的需要更多信息来帮助自己做决定，你也可以在当下迅速做出寻找新信息的决定；如果新增的信息也无法帮助你，那你应该在知道这一点后立刻下决定。无论是哪种情况，你都在积极行动，而不是在被动等待。

比如，你想修一座菜园，这不是什么刻不容缓的事，所以你总感觉自己有大把的时间去准备，不必急于一时。再说，还有许多关于园艺的准备步骤和注意事项需要你了解。在信息不足和时间充裕的共同作用下，你的小菜园很可能只是梦一样的存在了。

我比较喜欢的方法是行动起来，边做边学。

2011年，我就遇到了这个问题。那时，我想创建一个网站或博客来发表我的文章。当时的我有大把的时间，但缺乏相关信息以及知识。我决定立刻开始，边做边学。我知道第一步要注册域名，于是就注册了deepexistence.com，这便是我行动的开始。我开始不断学习、试验，发表了第一篇博文。四年后，当时的决定已经改变了我的人生。

风险、回报与可能性

普遍来讲，真正能够协助我们做决定的信息根本不像我们主观以为的那么多。如果有人不停地寻找信息做支撑，很可能是因为缺乏自信。自信是指一种能勇敢进入未知境地并相信自己能全身而退的状态。自信是对自己的肯定，自信的人相信自己虽然不能永远做出最佳决定，但始终能做到随机应变。

在极少数情况下，你确实需要做更多功课，获取更多信息；但是大多数情况下，你只需要问问自己以下问题。

1. 最糟的结果会是怎样的？有多大可能性事态会演变成最糟结果，如果最糟结果出现了，我还能恢复吗？

2. 最好的结果会是怎样的？有多大可能性会得到最好结果，能好到什么程度？

3. 最可能发生的结果是怎样的？

你可以用 10 分制来评估可能的结果，10 分为最高分。如果好结果的可能性可以达到 10，而糟糕结果的只有 4，那么去做就是一个正确的决定。这个办法能让你更直观地看到风险和回报，能帮助你获取足够充分的信息做出决定。

以修建菜园为例。

1. 发生最糟情况的可能性：7/10——辛辛苦苦工作了几十个小时，结果一场自然灾害或病虫害就可能让你的辛苦付之东流。还有一种可能性是，我想建个菜园，但发现自己并没有足够的时间照料花草。可能性：很小——出现这种结果的可能性很小，即使出现，我也能接受，还可以为日后积累更多的经验。

2. 发生最好情况的可能性：9/10——我将拥有一座美丽的菜园，里面种满了新鲜的绿色蔬菜，一切都如我心意！可能性：很大——只要前期准备工作做得到位，成功的概率就很高。我真的无法抵抗自家种的南瓜的美味诱惑。

3. 最可能的结果：一座偶尔会受天气或病虫害影响的菜园，依然能提供不错的蔬菜。

大部分人并不清楚一个决定可能带来的风险和回报，所以很难判断自己的付出是否值得，于是就努力寻找更多信息以确保自己的决定正确。但这样做的最大问题就如爱因斯坦所说，"如果你从来没有犯过错误，这只能说明你从来没有尝试过新鲜事物"。每次尝试新事物，你都不可能有百分之百的把握不犯错。

数量重于质量

数量和质量哪个更重要？要看具体情况了。很多情况下，人们都想当然地认为质量更重要，但如果说的是做决定或采取行动，数量则更重要。

最终成功的人（不论你如何定义成功）都不是那些第一次尝试就成功的人，而是那些经历过挣扎但善于总结经验的人。

几乎所有成功的商业人士都能与你分享一段失败的经历：业务失败，想法愚蠢，还有其他各种糟糕的问题。以下这些人都是在经历过破产后才达到其名利与成就巅峰的：沃尔特·迪士尼（Walt Disney）、亨利·福特（Henry Ford）、戴夫·拉姆齐（Dave Ramsey）、H. J. 亨氏（H. J. Heinz）和拉里·金（Larry King）。

人们一旦功成名就，外界所有的注意力就都集中在他们的成功上，对其成功的经历却存在许多错误认识。我们总觉得他们能成功，是因为智慧超群，但或许只是因为持之以恒。就连天才的阿尔伯特·爱因斯坦都说过,"我并不比别人聪明多少,我只是能够做到屡败屡战"。

先从数量做起,然后再进行完善

坚持不懈需要的不仅仅是不断尝试的勇气,还有完善与改进。

就人生中的决策与进步这件事来谈数量和质量,"从量变到质变"这一说法更为准确。如果你能在尝试中不断完善自己,通过重复来改进行为,就会比希望第一次尝试就做到完美无缺的人更容易取得成功。这一点很耐人寻味,因为它意味着为了实现最终目标,你不该纠结质量,而应该寻求数量。

这种质量与数量的对比与完美主义思维模式与不完美主义思维模式的对比如出一辙。完美主义者关注的是质量:他们不想犯错,希望一次就成功;如果不能一举成功,他们就不会去做。而不完美主义者的目标是数量:他们完全能接受不够成功的第一次,即使第五次尝试才能成功,他们也会欢欣鼓舞。只要有机会做,即使表现不好,他们也愿意尝试。

毋庸置疑,说到最终结果,大家都会更关注质量,但过分纠结质量反而会影响最终结果,因为这会打乱(或令人忽视)关键的改良过程。

有经验的作家都知道,要想成为语言大师,唯一的途径就是坚持不懈地写作并修改。很少有作家的初稿内容就能一鸣惊人。欧内斯特·海明威(Ernest Hemingway)说过,"写作的过程就是修改的过程"。接下来，我们再看看其他例子。

- 根据身体对不同训练方式、重量、运动量的不同反应，我们会对运动计划做出相应调整。
- 通过观察谈话对象对我们各种不同言论、玩笑、提问、话题和肢体语言的反应，我们会提高自己的社交技能。
- 语言本身也是经过许多年的使用才不断发展演变，从而变得更加丰富和庞杂（出现各种网络新词等）。

生命本身就是一个过程。我们几乎永远不会步入所谓"圆满"的阶段，相反，我们总是处在前进的过程中。如果有人想减重 25 千克，成功后他们会怎样呢？会让体重反弹吗？应该不会，因为那与他们最初的目标背道而驰。所以说，他们真正的目标是达到标准并维持。要想做到这一点，一个持续 30 天的简单、完美的计划是不够的，他们必须经历一个长期的过程，过程中的行为可能有不尽如人意的地方，但始终是朝着目标方向在努力的（比如坚持每天至少做一个俯卧撑这样的微习惯）。

在一段时间内一直关注重复行为的数量（而不是质量），就会形成一种惯性。这有助于习惯的养成，而习惯是个人成长的核心。如果你听取了我的建议，让某种行为成为习惯，你的潜意识就会向往它，而不是抵触它，这就是胜利。现在你应该明白，为何看到许多人认为可以靠外在动力实现目标，我会不屑一顾了吧？要想获得最终的胜利，我们需要的是持久的习惯，而不是动力的三分钟热度。

你总能听到各种声音告诉你，要有远大的梦想，但梦想远大并不意味着你必须要设定宏大的目标。在我认识的人中，我算是梦想最为远大的了——我的一个梦想是给娱乐产业带去革命。而现实中，我却只着眼于一个又一个微小的目标。当我将自己从完美的宏大目标中解脱出来，我才从健身、写作、阅读等小领域开始一步一个脚印地向梦想前进。梦想远大，不代表必须要设定一个遥不可及的目标。**一言以蔽之，追求远大梦想最可行的办法是大量攻破一个个小目标。**

IMPERFECT-IONIST

第 10 章

应用指南

我总能从奇怪或不完美的事物中发现美——它们才是真正耐人寻味的宝贵财富。

——服装设计师马克·雅可布（Marc Jacobs）

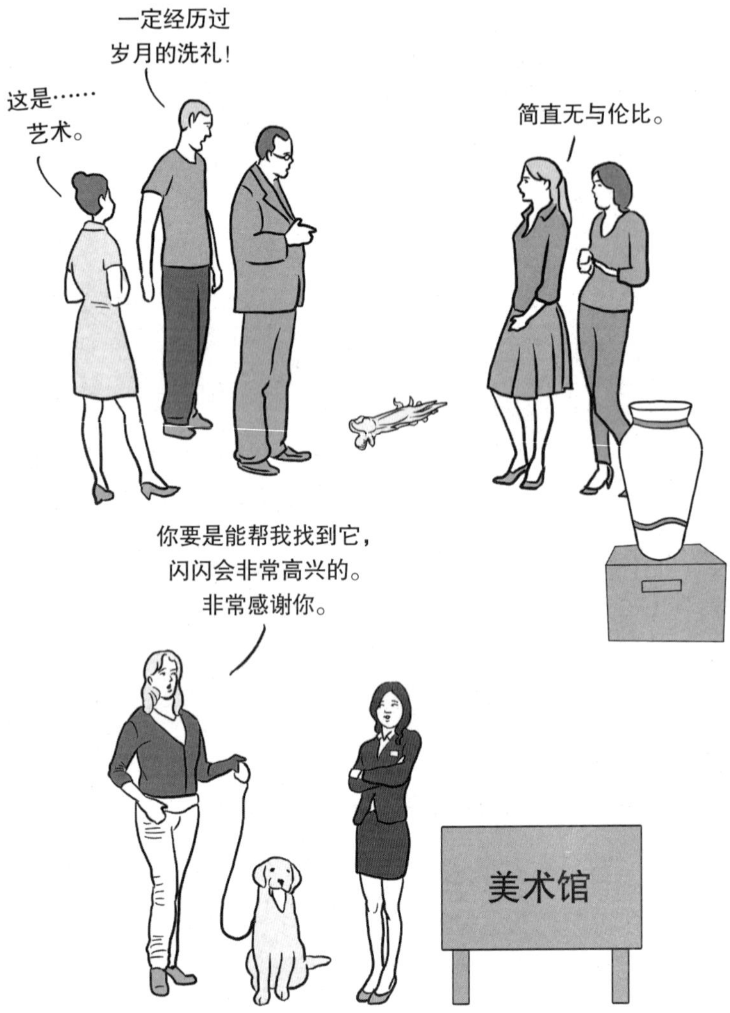
这是……
艺术。
一定经历过
岁月的洗礼！
简直无与伦比。
你要是能帮我找到它，
闪闪会非常高兴的。
非常感谢你。
美术馆

是结束，也是开始

感谢你一路陪我走到最后。虽然这本书是非虚构作品，但我努力想让它在提供帮助之余还能兼顾趣味性。这也是我在每一章开始时加入插画的原因。

我希望你读完这本书后，会感觉到无穷的力量，相信自己能成为一个不完美主义者。在探讨解决办法之前，我们再来简单回顾一下我们采取的策略。

放弃对最佳路径的幻想

人生之路并不是只有一个方向的单行道，相反，它四通八达，对所有人都免费开放。如果你的目标是从 A 到 B，不一定非要走很多人走过的那条直通的大路。对你而言，那并不一定是最好的选择。而困扰完美主义者的问题就是，他们总认为会有一条最佳路径，其他任何选择都不能与之相比。

我认为如今的自己已经长成了一个具有很强抗压能力的人，这是因为在 2011 到 2012 年期间，我经历了一场毫无征兆的、毁灭性的精神崩溃。我记得最严重的时候，我会坐在床角，身体毫无理由地抖个不停。当时我被一股莫名的恐惧笼罩，那是一段悲惨的经历。

不过事后想想，正是那段经历让我成了一个更坚强的人，因为它打破了我对最佳路径的幻想。

一旦你从痛苦中涅槃重生，并变得更坚强，你就会明白，要想定义最佳路径绝非易事。除了受虐狂，这世上没有任何人愿意经历痛苦，但痛苦却是教会我们最多本领的老师，能让我们获得脱胎换骨的成长。

我并不是在说，我们应该莽撞地冲向最令我们感到痛苦的事情，我只是想告诉你，一切路径都是有价值的。也许有些选择明显优于其他，但寻找最佳路径并不是我们人生的目标，向前发展才是。更准确地说，你最不该做的选择就是毫无作为。完美主义者通常都会有这种症状，原因就是面对无数选择，真的很难确定哪个最完美，过多的纠结只能令我们踌躇不前。有了前进的目标，你就知道了自己的目的地。但在路径的选择上，请给自己多留一些余地。如果你在选择时更懂变通，能够百折不挠，你就能达成更多的心愿。

之前我就讲过，我成为作家的道路并不平顺，如果当初我只接受最显而易见的路，我不知道我现在会做什么，反正不会是写作。

从今天起，我们做的每个选择都将是不完美的。既然如此，就让我们用平和的心态面对一切，允许自己有不同的选择，不被不必要的愧疚和自责绑架。

策略总结

本书中提到的很多办法都要求我们转变思维方式,但这可不是一蹴而就的事。毕竟,想改变你看待世界的态度谈何容易?像任何改变一样,这需要你进行足够且可行的练习。

要想将思想转变落实到行动上,你只需要每天花上一分钟(甚至不到)的时间来思考。比如,解决完美主义的总体对策就是改变你的关注重点,如果你接受这个建议,就请你每天花上一点时间来提醒自己这件事。这个办法特别有效,因为这样一来你就把思想转变——它很重要,但因为无形而很难落实——变成了直观可行的目标。

随着时间的推移,你会对这种新思维方式有越来越深的体会,并最终将其内化为你的默认模式。如果你每天坚持按某种方式思考,那么你就非常有可能根据它来行动,从而有所收获。这些收获反过来又会强化这一观念,最终让它成为你思想中的一部分。

针对上述思想上的转变,我建议你每天花一分钟的时间来完成一个微习惯(每天越早完成越好,这样它就会影响你一天的心态)。鉴于思想运转速度之快,一分钟足够长,能让你好好考虑一件事;一分钟也足够短,可以让你不费吹灰之力地完成一个微习惯,并将其纳入你的每日生活。总结下来,这种办法效果明显,操作容易,成本极低。

在介绍具体方法之前,我想再向你强调一下,你在消除完美主义的道路上也不必追求完美。这一点不言而喻，毕竟我们的最终目标是不完美主义。但是，如果你发现自己又在纠结过去的事，又在渴求完美，你也千万不要苛责自己甚至灰心丧气。不完美主义就包括善待自己，给自己时间和耐心。具体做法如下。

永远不要将内疚作为前进的动力。

最近我又在纠结一件事，虽然亲自动笔写了关于纠结的那一章，但我还是犯了纠结的毛病。不久前，我在健身房看到一个迷人的女孩，便走过去问了她的名字，介绍了自己，还跟她聊了一会儿。结果在我向她要电话号码的时候，她说她已经有男朋友了。分手时，她对我说有机会再见，我竟脱口而出"祝你和你的男友幸福"。说完这句话我就后悔了。

其实，我说这话时完全是一番好意，但听上去却不可能像好话，很可能被理解成一个男人在遭到拒绝后刻薄的讽刺，甚至有不合适、怪异的性暗示之嫌。总之，我有一种搞砸了的感觉。

很自然，我开始对这句说错了的话纠结不已。我们之所以会纠结，就是因为我们在乎。我在乎爱情，在乎两性关系，所以希望自己在喜欢的女孩面前别说蠢话。但好在我意识到了自己的问题，立即停止了纠结的举动，成功地做到了向前看。换句话说：**成长的路上偶尔出现完美主义（及它的那些表现形式）并不要紧，重要的是你应对的态度和办法。**

整体上的完美主义（2种对策）

1. 改变你的关注重点：每天花上一分钟的时间思考及想象以下内容。

- 忽略结果，关注自己的投入。
- 忽略问题，关注自己在问题条件下取得的进步。如果你必须解决一个问题，就把重点放在解决过程上。
- 忽略他人看法，关注内心真实想法：你到底想成为谁，想做什么。
- 不纠结于是否做得正确，重点是做了就比不做强。
- 忽略失败，多想想成功。
- 忽略所谓时机，多想想任务本身。

2. 遵循不完美主义者的过程思维：每天花一分钟，用不完美主义者的过程思维思考当天的计划，想象一下，如果你在过程的五个阶段都能接受不完美的结果，那你当天的整体计划将取得怎样大的进展。

1. 不完美的思维
2. 不完美的决定
3. 不完美的行动
4. 不完美的转变
5. 不完美但成功的结果

下面我要讲讲，我是如何将这种过程思维运用到运动健身这件事上的。

1. 我今天想去健身房运动，但不知道我的健身计划是否理想。我还对在一群好身材的健身者中露出肥肉感到难堪。

2. 无论如何我都要去运动，即使这意味着我要错过别的机会。

3. 我开始运动了，虽然感觉精神头不足，我还是要坚持完成。

4. 哎呀！我失手掉了哑铃，砸了自己的脚。下次我不会再做这个训练了。

5. 虽然心存顾虑，问题频出，最后连脚都肿了，但我还是完成了运动计划，让自己变得更加强壮，更加健康。

不完美主义思维的第五个步骤非常关键。正是有了它的存在，前面所有的不完美都变得无足轻重。做完运动，除完菜园里的杂草，或是完成了几页小说的创作后，你会为自己的成就感到骄傲，至于过程是否完美，已经变得无关紧要了。

过高期待（4种对策）

1. 调整自身预期：花上一分钟时间仔细审视你自己的预期。

你可以提高自己的总体预期，降低自己的具体预期。这意味着在整体上你对自己和自己的人生持有一种乐观的态度，对自己的能力有信心。但在具体问题上，不管是从宏观还是微观层面上，出现的结果很可能不尽人意。比如，在与别人的对话中，你可能会说一句让自己后悔的话，甚至对整个谈话过程都很后悔——这些都是"具体"问题。正因如此，你不要让自己对任何个体事件或行动做出具体的预期，你要学会从容面对失败，懂得它们不过是全局的一个小的组成部分。

你对自己行程中的各项活动抱有怎样的期待呢？如果预期过高，请把它们降低；更好的选择是彻底放弃预期，保持随机应变的心态。这样做并不会影响你享受生活中发生的好事，只会帮你为消极结果做好心理准备。请在整体上保持乐观态度，不把希望寄托在任何具体事项上——只有这样，在遭遇不完美时，你才能做到随机应变。

2. 正确判断是否足够：这个观念既可以应用在具体事情上，也可以指导你的整体人生。在你受到完美主义困扰的具体问题上，判断一下今天做到什么程度就足够了；或者，你也可以将目前的人生状态定为满意的标准。要想做到这一点，最好的办法就是将其变成微习惯，每天花上一分钟的时间来培养知足常乐的心态。

要用负责的心态对所谓"足够"做出判断，只有你自己知道对你而言多少算够，不要让周围盛行的"永不满足"的心态成为你的座右铭。当然，针对具体事情，你也可以做出"不够"的判定，这样一来，你就会惊奇地发现，在生活的某些方面，你需要的其实很少。我的公寓虽然只有14平方米，但对我来说已经足够了，就像我之前引用过的话：

> 别人说我是个完美主义者，但我并不是。我只是崇尚正确，

> 无论做什么事，我都要做到正确，之后便转向下一件事。
>
> ——詹姆斯·卡梅隆

由此，我们可以看到卡梅隆对"足够"的标准的把握。所谓够与不够，都是个人判断，完美主义之所以有问题，并不是因为其致力于卓越，而是因为它提出的目标总是高不可攀，并非依据个人实际情况做出的现实决定。如果你总是设定无法企及的目标，那或许是因为你过于担心他人对你的看法。

3. 降低标准：根据自身需求，选择性地培养微习惯。

降低标准最简单的办法就是培养微习惯，这种训练可以让你明白任何行动都有其意义，不会因为太小、不够完美就毫无价值。这种思考方式还可以从更深的层次影响你的期待，因为长此以往，你在潜意识中就能开始慢慢接受小的进步和成功。过高期待带来的最大问题就是让你不作为，因为要是不能保证自己旗开得胜，你就不愿勇敢尝试。而微习惯能帮你突破这一障碍。

如果你已经养成了一些微习惯，或者想培养能解决过高期待问题的微习惯，设法在一件重要事项上降低你的行动标准吧，例如，学着用手机写作、在夜晚健身、在雨中跑步、在疲惫时锻炼，等等。不过，这种练习很难保证每天都做，因为降低标准总是要依具体情况而定，也正因如此，我建议你最好想一些能立刻落实的微习惯。

4. 关注过程：每天开始时，思考一下当天的哪个任务是最让你头疼的，然后把它拆分成一个又一个具体可行的步骤。在每个时间节点，想办法提醒自己要完成哪个具体步骤。这样一来，最初那项高不可攀的任务已经不再令人望而却步。

努力关注过程，忽视结果。这个目标也可以通过微习惯来实现（这些微习惯堪称针对完美主义的瑞士军刀）。你一旦有了不切实际的期待，就意味着你内心渴望的结果要么根本无法实现，要么需要巨大的毅力和大量的付出。这个办法最妙的地方是，关注过程反而总能让你获得积极结果；相反，过分关注结果会让你根本无法全心全意地投入帮你获得结果的过程中去。只有过程的好坏能导致结果的优劣，所以如果你特别在乎某些事情的结果，就培养几个微习惯，把自己的注意力转移到过程上。

纠结不放（5种对策）

1. 接受现实：花上一分钟时间，认清过去已无法改变的事实。

你可以每天提醒自己，过去无论发生了什么，都已经无法改变，这样你就能学会接受过去。只有先从逻辑角度接受了这一点，你才可能从感情上认识它。否认这一事实，必然会导致内心的纠结。

2. 采取行动：直接针对纠结心态采取行动（最好通过培养相关微习惯）。如果你纠结的是失去了一个客户，那就走出办公室再找一个，或者打个电话拓展业务。如果你纠结的是跟谁吵了一架，那就主动与对方和解，或者跟别的朋友出去高兴地玩上一天。如果你对已经无法改变的悲剧始终无法释怀，那就通过一些微习惯来化解，或找到其他继续前行的办法。

改变想法的最好办法是按照你希望达成的目标采取行动。如果你纠结过去，现在就采取行动（特别是针对纠结的事）就是消除纠结最有效的办法。比如，如果你对自己面试时糟糕的表现耿耿于怀，最好的解决办法就是立刻投更多简历。如果你为失去的感情困扰，那就走出家门去认识新的朋友，这才是放下过去的最好办法。如果你无法走出过去的灾难，那最理想的做法就是下定决心充实地过好当下的每一天。微习惯在这些方面可以为你提供巨大帮助，因为其行动目标很低，心理上已经精疲力竭的人也能尝试。

《微习惯》的一位读者格兰达·林恩曾经给我发过一封邮件，内容如下。

这个周三晚上，我的孙女因车祸去世，她当时还抱着只有18个月大的儿子。他幸免于难，但无论如何，这对我们全家来说都是一个巨大的灾难。多亏你介绍给我们的微习惯以及那个"快乐仪式"应用，我才能继续像之前一样生活，继续实践我在那次车祸前培养的良好习惯。要不是有这些宝贵的财富，我不可能保持健康的生活状态。我想听到我这些话，你一定感到很欣慰。你可以把我的经历用于相关课程的教学中。关于日常习惯能如何帮助我们走出悲惨经历，之前有人做过相关的研究吗？

习惯可以有效地防止我们被灾难击败。我们都需要养成良好习惯，树立简单目标，这些小的习惯与目标能在我们痛苦时给我们一些轻松、微小的成就感。它们可以帮助我们从人生最惨痛的低谷走出来。

3. 分清意外与失败： 如果你对消极结果或过失纠结不已，就花上一分钟判断一下，这结果到底是偶然因素作祟还是真正意义上的失败。如果纯属失败，那你就要另想办法重新尝试，如果只是偶然，那就应该立刻重新尝试之前的方法。如果两种因素兼而有之，那你不但需要继续尝试，还要及时调整策略。

所谓失败，指的是责任完全在于你自己的情况——比如绊了一跤、调制饮料时放错了比例、拼错了单词等。而所谓意外，则包含了他人的因素，特别是当决策权在他人手中的时候——比如请客吃饭时出了问题、向上司要求加薪未果、参加《美国偶像》比赛失利、写作成绩不理想等。

一个有趣的例子是在运动等时候努力想要达成一个目标——如果这个目标未能达成，那多半要算是失败，因为要不要去健身房这件事完全是你自己决定的。正是出于这个原因，微习惯才会帮助你成功。它彻底颠覆了之前的办法，比起传统的"智慧"，它能更有效地帮助你实现目标。

要想消除纠结心态，最常用的办法就是持续尝试。认识到偶然与失败的差别，不仅可以帮助你找到有效对策，而且可以帮助你调整情绪，从而理性地应对不好的结果。如果你意识到自己的"失败"

不过事出偶然，那你就会放自己一马，让自己放下包袱，从头再来。

4. **改进自我对话方式**：你如果对某个问题纠结不放，就要从内心深处改变"本应该"的心态，用"本可以"取而代之，相信其实还有其他可能性。如果你现在没有纠结的对象，就请找出当下遇到的困难，主动将它视为人生的挑战，清楚它并非什么无法逾越的艰难处境。

"本应该"反映的是你对过去愧疚的心态，而"本可以"则预示着未来还有其他机会。你的自我对话对你看待事物的方式有很大的影响，这是一种最容易实现的改变，却能在短时间内改变你的人生。

友情提示：人生问题？其实你面对的人生问题并不"艰难"，甚至称不上问题——它们不过是挑战。如果你能这么看待问题，就会迎难而上，如同迎接一场乒乓球比赛一样，虽然内心紧张，但也充满乐趣。

5. **计时器介入法**：每天至少使用一次计时器提醒自己做一件事，这件事要么能直接带来进步，要么能让你忘记纠结。

要积极行动起来。不论你在为何事纠结，积极行动都是解决之道。你越是积极投入当下生活，就越没时间纠结，因为你需要用更多时间思考那些值得的事情（而不是纠结那些毫无意义的事情）。笼统地说，最佳行动策略还是每天坚持贯彻微习惯。要是你愿意做出更多改变，建议你采用第六章（纠结不放）中我们推荐的计时器策略。

- 任务倒计时：只要时间一到，你必须立即开始工作。
- 决定倒计时：倒计时结束之时，你必须做出明确的决定。
- 注意力计时器：在接下来的规定时间内，你只能专注于一项任务（对可能分散注意力的事进行严格的限制）。
- 番茄工作法：工作 25 分钟，休息 5 分钟，然后再重复该模式。
- 劳逸交替法：工作 1 小时，放松 1 小时，然后重复该模式。

认同需求（4 种对策）

有认同需求意味着你无法接受自己或对自己缺乏自信（特别是在社交场合）。你可以用以下四种办法提高自信。

1. 化学法：在任何需要自信的场合，提前用"充满力量的姿势"站立两分钟，即伸展身体，伸直双臂或保持叉腰的姿势。如果是坐姿，你可以伸出两臂扣住后脑勺，肘部朝外。

在任何需要自信的场合（面试、社会活动、约会、开会、演讲、展示等）之前，保持这些姿势两分钟左右，你就可以用化学方式来提升自信。这听起来有点疯狂，但是得到了科学证明。你可以努力使用更加自信的身体语言，在长期获得更大的改变。

2. 假装自信：要想做到这一点，你必须保证每天至少假装自信一次（哪怕你当时的感觉完全相反）。

即使感觉不自信，也要"假装"自信，用自信的方式行事。有时在你装出自信的样子以后，你会真的有自信的感觉，真正找到自信。假装自信绝不意味着你是一个虚伪的人，这种假装不过是在训练某种你尚未掌握的技能而已。

无论在什么场合下，都要假装自己是个自信的人。你可以做得夸张一些，你会惊喜地发现，对方会认为你就是这么自信。如果你每天都要去某家店买东西，试着在面对收银员时表现出绝对自信的状态。就算在过程中感到紧张，你也不必担心——长此以往，你就不会感到紧张了。

3. 调整参照标准：对你望而却步或感到力不从心的任务，把参照标准降到你能驾驭的水平。

要想变得自信，最简单有效的办法就是改变自信的标准。不要期待自己能像詹姆斯·邦德一样潇洒自如，先把标准定为和人打招呼，这样你就有足够的自信达到标准了。人们之所以不自信，就是因为他们预先给自己设定了一个不切合实际的评判标准，一旦你放弃预设，根据自己的实际情况制定标准，那你就能更好地做自己，自然而然地散发出自信的气息。

不要跟你跑马拉松的朋友或是猎豹赛跑，如果非要设定一个标准的话，可以用乌龟。在社交场合，不要用电影里的人物来做标准，真实生活中的交流并没有剧本可循，不会像电影中那么理想。

4. 叛逆练习：每天至少做一件违背社会默认规范或预期的叛逆行为（以不违反道德和法律为前提）。

叛逆是一种与认同需求相反的表现，你如果有认同需求的问题，可以尝试通过叛逆练习来解决问题。叛逆练习有很多安全、合法的方式，最容易的一种就是在公共场合做出非同寻常的举动。大多数人都不好意思这么做，但偶尔在杂货店大声唱一次歌也无伤大雅，周围的人只会笑你而已。

如果你总是需要某个特定的人的认同，并想对此做出改变，你可以想出一种有象征意义的叛逆小举动来摆脱这种控制。不一定要做得特别夸张（正如即使你有认同需求，你也不太可能做得多过分一样）。关键在于练习按照自己的意愿生活，直到有一天你完全不再需要他人告诉你该怎么做为止。这些有象征意义的小举动包括大声唱歌、在公共场合卧倒、主动与陌生人攀谈等，这些动作都可以告诉外界和你自己，你的生活，你可以自己做主。

过失担忧（4种对策）

1. **成绩日志**：你需要清楚要在什么地方记录自己的成绩（可以使用笔记本，也可以使用电脑或手机），如果你想不起来自己都做了哪些事，至少保证每天记录下一条你的成绩（或是一个优点）。

做这件事不需要花多少时间——只需要几分钟，你就能记录下自己做了哪些好事，有了哪些成长。那些受冒牌者综合征困扰的人很难从内心认可自己的成绩，把成绩写下来的方法可以有效帮助你在内心切实认识到自己的长处。

2. **二进制思维**：你如果特别担心自己在某个领域犯错，可以培养二进制思维来应对。接下来你需要做的就是走出去收获胜利。要想坚持每天做到这一点，你需要建立一个可行的数字模式，或是在你制定的数字模式下得分。你可以用开始的几天建立这一模式，而后将其用于实践。

如果你担心犯错，那你恐怕一辈子都要提心吊胆了，因为不论对谁而言，犯错都是一件司空见惯的事。二进制的思维模式可以轻松转移你的注意力，让你不再担心犯错，而把精力放在更多可以尝试的事情上。你将不再用1到10来衡量你面临的境遇，而是用0（不作为）和1（行动起来）的二进制模式来进行评判。如果你把专注行动视为成功，那你在人生中将获得更多进步，并能以更轻松的心态完成任务。

下面是一些例子。

● 与心仪对象打招呼 = 成功。

● 发邮件或某个具体请求给（业务或社交上的）相关人士 = 成功。

● 写出一个故事大纲（不用写得多精彩）= 成功。

● 出版一本书 = 成功。

● 做一次演讲 = 成功。

与人打招呼可能被无视，发邮件提案可能被拒绝，可能只写了一个关于企鹅进监狱的蹩脚故事，出版的书可能卖不出去，做演讲可能在听众的嘘声中全程结结巴巴。尽管如此，上述五种情况依然算是成功的，因为你的抗压力得到了锻炼，勇气得到了培养，你从各种尝试中收获的力量以及各种反馈都会让你拥有人生中最宝贵的经历。而上面的五种情况已经是最糟糕的了，几乎不可能同时遇到。即便是失败也比什么都不做强，这也正是二进制思维的难得之处。

3. 从小的成功做起：创建并坚持微习惯，让日常的成功简单到无法拒绝。如果成功比失败还简单，那你就总会成功了。

4. 分阶段成功：每天早晨一起来，不要想着当天要取得多大成就，想想你可以如何取得进步，而且不论多小的进步，你都应该好好珍惜。每天花上一分钟来强化这一观念。

不要把成功定义为一个完美而清晰的里程碑式的成就，比如减重50千克。想象着用一把大锤将宏大的目标敲成小块，再从千百块碎片中拾起最小的那些。要是没有这些细碎目标的完成，之前的宏大目标就不可能实现。要把成功视为一步步实现的成就，所以你应该给成功下一个新的定义：一个个进步的累积。一旦你赋予成功新的定义，就会转变过去旧有的认识，成功不再是一个不允许犯错的里程碑的事件，而是你实实在在的下一步前进。

用这种追求进步的心态努力一段时间后，你就会发现，自己一直以来向往的远大目标已经在不知不觉中达成了。

行动顾虑（3种对策）

1. 拒绝预设：如果你对要做的事情有顾虑，并预设出了消极前景，那么就把它们逐一记录下来。一定事先就想好在哪里做记录，否则这件事就会不了了之。完成这一步骤后，你就可以开始行动了，并在实践中把真实的结果与预设进行对比。在选择从悬崖上跳下之前，你可以先做一些更安全的尝试，比如主动与陌生人攀谈、疲惫的时候去健身房、请求帮助等。

预设时要谨慎，要尽可能多地借鉴先前的经验。我们总会对新鲜事物有顾虑，因为对其缺乏把握。在尝试之前，你确实不知道情况会如何，但是我们的预设常常是错误的，特别是对需要付出努力的事情。每当我们潜意识里想要逃避做一件难事时，我们的预设往往都不够准确，而且还会存在消极偏见。

2. **快速决策**：每天，为自己的各种活动——比如中午或晚上吃什么，当下先做哪件家务或工作，可以给谁打电话，等等——列出四个选项，写在纸上。在思考选项时可以多花些时间，但把选项写下来后，要用最快的速度圈出你觉得最合适的那个。你可以通过排除法，把其他选择逐一划掉，做到在 10 秒钟内完成选择。不管你圈出了哪一项，当天都要坚持执行。坚持这样做以后，你就会发现对一些无关紧要的小事进行快速决策是一项了不起的技能（有时这一方法同样适用于一些重要的事情）。

做决定时，我们总是在透彻思考（权衡各种选择）后才去执行（采取行动）。拖延症患者即便已经找到了最佳办法，还是会对其思前想后。如果你能做到快刀斩乱麻，迅速进入实施阶段，你就会发现再多的思考也不能解决问题，所以快速决策才是正道。

3. **分析风险、回报与可能性**：对那些你有顾虑的行动，你可以按照下面提供的思路来分析。

最糟糕的结果：想象可能发生的最糟糕结果，按照严重程度用1到10为其打分。如果你想修建一个菜园，你不必考虑"在园子里踩到一只黄蜂，同时还被闪电击中"这种过于极端的情况，你考虑的最糟结果应该是现实中可能发生的。

发生最糟结果的可能性：判断一下发生最糟情形的可能性（几乎不可能、不太可能、一半可能、可能、非常可能）。

最好的结果：想象一下最好的情况，判断一下其影响。同样不要考虑那些过于极端的情况，比如"在我收割扁豆时，一位白衣翩翩的美丽姑娘过来与我攀谈"。你能想到的最好结果也应该基于现实的考虑，想想最好的情形会是怎样的？

发生最好结果的可能性：判断一下发生最好情形的可能性（几乎不可能、不太可能、一半可能、可能、非常可能）。

最可能发生的情况：想想最可能发生的情况是什么，如果发生了你会怎样。

你需要预估一下发生结果的可能性以及各种行动的后果，比如，从数据来分析，你创业失败的可能性相对较高，但失败的后果可能属于可以承受的范围，相对而言，虽然成功的可能性不大，但是一旦成功，就会改变你的一生。一定要做到信息明确，否则你就永远无法结束思考，进入实施阶段。

这么做并不难，一旦把想法写下来，你就可以轻松地对决定做出判断，看看你的顾虑是否明智。当然，分析结果同样重要，因为它关系着后续影响以及潜在可能。

例1：你玩滑板能遇到的最糟糕的情况就是摔断胳膊，糟糕的级别可以达到9。最好的情况就是你从中感受到乐趣，级别可以达到6。但如果骨折的概率非常小，而从中感受到乐趣的概率非常大，那么虽然糟糕结果的等级很高，冒点儿风险也是值得的，每次只要多加小心就可以了。

例2：买彩票的时候，最坏的结果就是用于买彩票的一两美元打了水漂。（级别不过1/10），而最好的情况是你得到一笔意外之财（收益级别可以达到10/10）。如果你——像大多数人一样——只看风险和回报，那买彩票的确是一个无可比拟的买卖。但是要记住，你遭遇最坏结果（即一无所获）的可能性是板上钉钉的事，也就是，虽然风险回报率很高，但这种冒险确实一点儿都不明智。

应用说明

本书介绍了许多解决完美主义的办法。我之前读过的不少自助类图书的最大问题就是，它们提供的许多解决办法都缺乏具体的选择标准或是应用手段，而对我而言，要想解决人生中的困难，这些细节必不可少。你必须建立一个分步骤的计划，以便更好地接受并实施新的策略和目标。

第一个问题是：你一次想要达成多少目标？

想要回答这个问题并不容易，主要是因为每个目标的大小不同。

计划每天喝一杯水与每天练琴一小时完全不可同日而语。再说，我们经常同时想做几十件事。解决这种问题的标准做法就是把所有事分出轻重缓急，再估计一下你能同时应对多少问题。不过，我们总是容易过高地估计我们的应对能力，而正是这个原因让很多人频繁地放弃目标。

在《微习惯》一书中，我就说过，同时尝试的微习惯最好不要超过四个，而我提到的上述办法都属于微习惯策略（微习惯策略的核心就是用"不完美主义者的方式"来对待目标，所以才会成为有效改变我们行为的最佳办法）。鉴于我收到过许多读者的积极反馈，我将继续推广这一办法。诚然，的确有人可以同时兼顾五六个微习惯，但这样的人毕竟是少数，而且他们面临的失败风险也要高一些。对大多数人来说，一次实践两三个微习惯是最好的做法。

你知道完美主义者会怎么做吗？他们总想即刻解决所有的问题，做到一劳永逸。这样做的结果必然是失败。不完美主义的一个重要前提就是耐心。你或许无法一夜之间改变人生，但可以开心地体验变成不完美主义者的整个过程。

如果你读过《微习惯》这本书，并已经养成了几个微习惯，那我建议你千万不要急于增加微习惯的数量。让自己忙得不可开交绝不是提高效率的最佳办法，简单化才是解决之道。毕竟，这些解决办法与养成良好习惯还是有些许差异，鉴于它们的性质，你还需要增加一个新的微习惯策略，那就是专项微习惯。

专项微习惯

按原计划，我会在《微习惯》系列的新书中推广这个策略。微习惯指的是我们在一些重要方面需要养成的习惯。但如果有人已经养成了重要的习惯，只是想在其他领域做些尝试或试验，那该怎么办呢？对这种情况，你可以采用专项微习惯策略。

微习惯涉及的通常都是长期行动，目的就是养成一些行为习惯，但专项微习惯相对灵活，可以相互调剂，主要差别在于专项微习惯重在培养一系列相辅相成的技能，而不是要养成可以改善生活的单一习惯。针对完美主义，本书共介绍了 22 种解决办法，但要说应用起来最可行的就要数专项微习惯策略了，因为：

1. 通过试验，你可以找到解决完美主义最有效的办法，如果你只选了三个办法长期实践，那很可能会错过其他或许更为有效的策略。

2. 要想解决完美主义，最好的办法是多管齐下，因为我们要改变的是一种整体的思维方式。造成完美主义的根源有许多，只有全面出击才能有效遏制。

某一时刻，你可能感觉自己有过失担忧的问题，那你就需要练习二进制思维；下一时刻，你可能又发现自己在认同需求方面有困扰，那你就需要加强叛逆练习。具体的做法不是要你每天在不同思维模式间转换，而是要同时练习两种技能，获取同时有效应用两种思维的第一手经验。

这与本·富兰克林提出的"13种美德"有异曲同工之妙。富兰克林一直是一个雄心勃勃的人，但有趣的是，他也一度想要事事做到完美。他提出了13种美德，希望自己能将其逐一收入囊中，一个星期培养一种美德。他的做法是，每个星期他会用全部精力去培养其中的一个美德——可以是真诚、正义或谦逊——在其他方面则可以有所松懈。有时，他在某一方面做得很好，但在其他方面却有所欠缺。不过据他表示，整个过程中，他还是感觉到自己总体上在进步。虽然他的目标是做到十全十美，但他努力的方式却是不完美主义者的办法——并没有追求同时实现全部目标。

如果我们无法从思维方式上成为一个"十足的不完美主义者"，那也无妨。富兰克林的方法加上微习惯促成行动的力量，一定能让我们距离实现内心自由的最终目标越来越近。具体操作如下。

我喜欢用一本大日历来记录自己的微习惯，每天在完成的项目上打勾。如今，我已经执行微习惯长达几年之久，已经完全克服了最初的心理阻力，微习惯俨然成为我打发时间的首选（而不是迫使自己合理使用时间的艰难选择）。眼下这一刻，我可以写小说，也可以写散文，可以写书，可以写博文，也可以写客座文章，总之，我可以有很多选择。我可以选择读书、冥想，或同时进行两件事。我也可以全心全意地投入到一件事情上。

用一本日历来监督专项微习惯的执行是最简单易行的办法。你只需要把当天要执行的微习惯写下来，然后开始实施。比如：

5月22日：写50字书稿，读两页书。

当天以及之后的每一天（直到完成改变），只要完成了那些微习惯，你就可以在日历中标出。但是，如果你刚刚读到这本书，想从下个月开始再练习不完美主义，那你可以在6月1日的位置写上：

1. 实施一次叛逆行动。
2. 花一分钟时间思考一下不完美主义的关注要点。
3. 针对一项目标，采用二进制思维模式。

这三项行动就是你的新微习惯，将持续帮助你做出真正的改变。从6月1日开始，你如果完成了这三项微习惯，就可以在日历上打勾（这个勾记录的是这三个新微习惯，而不是5月22日开始记录的阅读和写作的习惯）。这个例子可以非常直观而清楚地告诉你，该如何在不同的微习惯中自由转换。虽然来回转换会影响习惯的形成，却可以让你在更宽的领域锻炼多种技能，比如，你可以用各种方式训练自己成为一个不完美主义者。

这个办法还适用于那些对自己是否想要养成某个习惯没有十足把握的人，他们或许只想尝试或试验更多不同的行为。另外，这个办法还能帮助那些把人生视为一个又一个项目的人（例如企业家）。如果你已经用每天写50个字的微习惯策略完成并出版了一部作品，你就可以转换到下一个项目，把这项策略变为每天研究一个新问题。

在专项微习惯中，你可以充分利用日历这一辅助工具，纸质或电子的都可以，只要能每天打勾就行。习惯类应用在协助微习惯转换方面可能不是最佳选择，因为这些应用的主要作用是帮助你养成习惯，而我介绍的这一策略更重要的意图是尝试并完成某个项目，是要通过反复演练相关的微习惯来克服那些由多种原因造成的问题，比如完美主义。至于多长时间转换一次微习惯，则完全取决于你自己。

如果你是一个整体上的完美主义者，那我就建议你每个星期专门应对完美主义的一个表现形式行动，然后再花上一个星期练习整体上的不完美主义，也就是说，整个项目的总时长为六个星期。这样进行一个周期后，你就可以体会到具体哪个解决办法对你最有效。如果你感觉自己受某个表现形式的困扰比较强，那么就可以做出相应的调整，比如花两个星期来解决纠结不放的问题。

尾声之末

这是本章的最后一节，希望这个结尾预示了你人生改变的开始。如同书中描述的所有例子一样，我本人真切感受到了这些改变带给我的力量，我相信你也会和我一样。

不完美主义者并不会嘲讽完美人生，他们只是更快乐、更健康、更高效。完美主义代表着限制，而不完美主义则预示着自由，所以不妨尝试一下书中介绍的方法，让自己变成一个不完美主义者。相信你一定不会后悔自己的决定。

祝你并不完美的旅途一切顺利！

斯蒂芬·盖斯

更多信息

《微习惯》

如果你还没有读过我的第一部作品《微习惯》，我向你强烈推荐这本书。虽然只阅读《如何成为不完美主义者》也很有用，但两本书之间确实有一定的关联。如果你读过《微习惯》，就更能深刻地理解本书介绍的不完美主义对策为何都依靠微习惯的养成。

以科学为基础的微习惯策略堪称目前效率最高的习惯策略。从各种书评及反馈来看，这本书也是最受读者喜爱的自助类图书之一。他们都在迫不及待地分享微习惯策略改变他们人生的故事。

"微习惯大师"

如果你更喜欢通过视频来了解微习惯这一概念，你也可以购买"微习惯大师"这一视频课程。该课程定价149美元，使用打折券，输入密码"不完美主义者"，你就可以用59美元的价格获得该视频课程（足足节省90美元）。《微习惯》一书及"微习惯大师"在排行榜及满意度调查中均名列前茅（超过 40 位用户给了该课程五星好评），我在此保证，读者对我作品的评价都是真实的。

Deep Existence 的每周博文

每个星期二，我都会将我撰写的生活策略以电子邮件的形式发送给我的订阅用户。许多人都会告诉我，我发送的内容改变了他们的人生。注册后，你就可以免费通读之前所有的资讯内容。而我从这些交流中也获益良多。我感谢能有这个渠道向大家推荐我的下一部书或下一期课程。

致谢与联络方式

非常感谢你阅读《如何成为不完美主义者》，希望你喜欢这本书。

如果你觉得这本书的内容很重要，确实给了你很大帮助，请你在亚马逊上留下你的评论，毕竟书评（包括销量和排行）是读者鉴别一本书好坏的主要标准。如果你已经成为不完美主义者，请你回过头来与其他读者（以及我）分享你取得的进步。

每一条书评都有巨大的影响力，甚至能够决定一个人是否会阅读一本书。所以，如果我介绍的方法确实改变了你的人生，请你帮助我宣传一下这部作品，好让它改变更多人的人生。这本书的影响力及影响范围究竟能有多大，其实是读者决定的。《微习惯》就是如此。多亏了读者分享的书评，它有机会被译成多种语言，与世界各地的读者见面。所以，可否请你帮助我在我们这个过于追求完美的世界推荐这部《如何成为不完美主义者》呢？

如果你已经读完这本书，请告诉你身边的人，或者把你的那本借给他们看看吧。

图书在版编目（CIP）数据

如何成为不完美主义者 /（美）斯蒂芬·盖斯著；陈晓颖译 .-- 南昌：江西人民出版社 ,2021.4（2022.10 重印）

ISBN 978-7-210-12496-2

Ⅰ.①如… Ⅱ.①斯… ②陈… Ⅲ.①成功心理—通俗读物 Ⅳ.① B848.4-49

中国版本图书馆 CIP 数据核字 (2020) 第 213233 号

Copyright©2015 Selective Entertainment, LLC
Simplified Chinese translation arranged with Selective Entertainment LLC through TLL Literary Agency

本书简体中文版由银杏树下（北京）图书有限责任公司出版。
版权登记号：14-2020-0323

如何成为不完美主义者

作者：[美]斯蒂芬·盖斯　译者：陈晓颖
责任编辑：冯雪松　特约编辑：刘昱含　筹划出版：银杏树下
出版统筹：吴兴元　营销推广：ONEBOOK　装帧制造：墨白空间
出版发行：江西人民出版社　印刷：天津中印联印务有限公司
889 毫米 ×1194 毫米　1/32　7.25 印张　字数 149 千字
2021 年 4 月第 1 版　2022 年 10 月第 4 次印刷
ISBN 978-7-210-12496-2
定价：38.00 元
赣版权登字 -01-2020-680

后浪出版咨询(北京)有限责任公司　版权所有，侵权必究
投诉信箱：copyright@hinabook.com　fawu@hinabook.com
未经许可，不得以任何方式复制或抄袭本书部分或全部内容
本书若有印、装质量问题，请与本公司联系调换，电话：010-64072833